Measurement&Control
計測・制御シリーズ

生物/化学/物理/ロボット…実験や研究に今すぐ使える

ラズパイ×ArduinoでI/O！
LabVIEWコンピュータ・
プログラム集

大橋 康司 著

CQ出版社

■ まえがき

　LabVIEWとLabVIEWのアドオンツールLINXを使って，LabVIEWにArduinoやラズベリー・パイをつなぐと，それらをUSBデータ収録デバイスのように使うことができます．

　本書では，LabVIEW + LINXでArduinoやラズベリー・パイをつないで計測制御を行うためのプログラミングのコツを解説しました．付属CD-ROMに収録したサンプル・プログラムは，実際に自分のパソコンで動作を確認することができます．また，読者が自分のプログラム制作時に応用しやすいように，できるだけ視覚的にわかりやすいプログラムを多数収録しました．

　LabVIEWは，製造業や研究所で装置の自動化や統合したインターフェースを作るときによく使われるプログラム言語で，計測／制御の分野では30年以上の歴史があります．

　LINXは，LabVIEWを開発しているナショナル インスツルメンツ社の子会社の，デジレント社のオープンソース・プロジェクトで開発が進められており，だれもがダウンロードして無料で使うことができます(ただしBeagleBoneBlackとラズベリー・パイ用に提供されているLabVIEWランタイムは商用利用不可)．

　本書で解説したプログラムは，「LabVIEW 2014 Home Bundle(LabVIEWホーム版)」で動作を確認しています．この「LabVIEW 2014 Home Bundle(LabVIEWホーム版)」は非商用での使用に限定されていますが5,800円程度で入手可能です．さらに2020年5月にリリース予定のLabVIEW Community Editionは，ほぼ同じ機能を無料で使うことができます(こちらも非商業利用に限る)．周波数解析，2次元補間，疑似カラー表示など製品版のLabVIEWと同じ高度な関数を使ったプログラムも解説しています．ぜひ，この機会にLabVIEWの機能をお得に体験してみてください．

　プログラミングの基本的な知識をまとめて理解したい場合は，CQ出版社発行の『LabVIEWリファレンス・ブック』を，LabVIEWで行う計測制御の基本から本格的な計測制御プログラムの作り方までを学びたい場合は，CQ出版社の『計測制御バーチャル・ワークベンチ LabVIEWでI/O』が参照になります．LabVIEWのオンライン・ヘルプは内容が充実しているので，これらの書籍と合わせて積極的に利用するとさらに理解を深まるでしょう．

　あなたはLabVIEWホーム版とLINXを使って何を作りますか？

2020年3月　筆者

　※本書の解説は，ラズベリー・パイのバージョン3Bを使っています(3B+は対象外)

目 次

第1章

LabVIEWとArduinoや ラズベリー・パイで 強力なツールを作る

▶▶ **本章のポイント** ◀◀

- □ LabVIEW自宅/学生版は趣味のモノづくりや学生に最適
- □ Arduinoとラズベリー・パイを計測に使う利点
- □ LabVIEW日本語版と英語版の選択
- □ 本書の構成

キーワード：LabVIEW，アイコン，データフロー・プログラミング，
　　　　　　メイカー・ムーブメント，LINX，Arduino，
　　　　　　ラズベリー・パイ，センサ・モジュール

　本章では，LabVIEWを使ってArduinoやラズベリー・パイを活用できるアドオン・ツールLINXを紹介します．LINXを使うことにより，視覚的にプログラムを作成できるLabVIEWでセンサ・モジュールや入出力モジュールを活用することができます．

　LabVIEWの各種エディションや本書で使用するArduinoのモデルとラズベリー・パイのモデルについても説明します．

　本書では第2部のArduino編と第3部のラズベリー・パイ編に分けてセンサ・モジュールや入出力モジュールを使った簡単なアプリケーション・プログラムを紹介しています．センサ・モジュールや入出力モジュールのプログラムはArduinoでもラズベリー・パイでも使うことができるので，各章で扱う内容について概観しました．

1-1　グラフィカル・プログラミングの定番LabVIEWの特徴

　あなたが理系でも文系でも，あるいは体育系でも芸術系でも，何かを定量的に調べるために，センサや測定器を使ってデータを集める必要が出てきたとします．そのようなときに大変便利なツールがLabVIEWです．

　LabVIEWの基本的な使いかたについては，CQ出版社発行の「LabVIEWリファレンス・ブック」をご覧ください．プログラムで使っているLabVIEWの関数については，オンライン・ヘルプで確認してください．

　LabVIEWは，米国のテキサス州オースチンに本社があるナショナルインスツルメンツ社（以下NI社）が開発したプログラミング言語です．LabVIEWには，センサや測定器をコンピュータに接続するためのツールがそろっているので，専門のプログラマでなくとも現象を定量化することができます．LabVIEWに備わっている処理や分析機能を組み合わせることで，必要とするデータを浮かび上がらせることもできます．

　例えば，インフルエンザ対策のフローチャートを図1-1のように考えたときに，LabVIEWでは図1-2のようなプログラムを書きます．このようなプログラムの作り方をグラフィカル・プログラミングと呼び，機能に対応したアイコンを並べてワイヤでデータの流れを示すことで処理を視覚的に表現することができます．

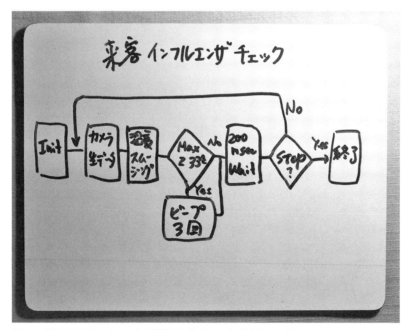

図1-1　手書きのフローチャートの例（来客インフルエンザのチェック）

コラム1　本書で使用するLINXとLabVIEW

　LINXとLabVIEWの入手方法はp.20からの各ソフトのインストールの解説をご覧ください. LINXはDigilent社のオープンソース・プロジェクトとしてオープンソースとして無料で公開されています（ラズベリー・パイは非商用利用に限定）. LINXの使いかたや技術的な説明はLabVIEW MakerHubのビデオや記事やフォーラムで知ることができます. 詳細は, 下記のWebページを参照してください.

　https://www.labviewmakerhub.com/

　LabVIEW Home版のダウンロードは, LabVIEW MakerHubから行うのでブックマークをしておくと便利です.

　Digilent社はエンジニアリング教育に重点を置くNational Instruments（NI）社の完全子会社で, LabVIEW MakerHubのホームページの下には「Driven by LabVIEW users. Created by NI.」と書かれています.

　LabVIEW Home Edition for non-commercial useは, 価格が50万円以上もする業務に使用するLabVIEWと同等の機能を備えていて, 価格は5,800円です. NI社は, 初期の頃からエンジニアリング教育に力を入れていて, その当時の学生版は書籍とフロッピーディスク4枚（LabVIEW 3.1）で発売されていました（**写真1-A**）.

　LINXに関する本書の情報源は, ほとんどLabVIEW MakerHubのチュートリアルやディスカッションなので, 本書の内容に疑問を持たれたり, BeagleBoneなど本書では扱えなかったデバイスに興味のある方は, LabVIEW MakerHubで理解を深めることができると思います.

写真1-A　LabVIEW 3.1の学生版
（1994年発行）

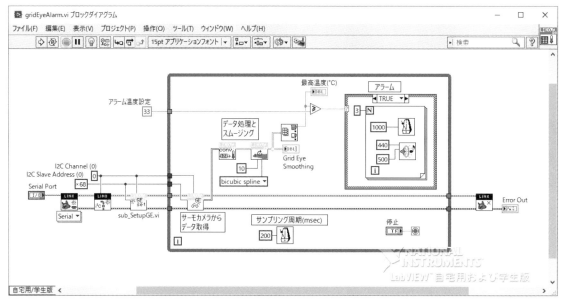

図1-2　図1-1のフローチャートから作成したブロックダイアグラム

　プログラミング言語と言えば，一般にはJavaやC，Pythonなどを思い浮かべると思います．それら
のソース・コードは文字で書かれているので「読む」ものですが，LabVIEWの場合は視覚的に「見る」も
の，「眺める」ものです．データの流れを視覚的に表現すると同時に，アイコンに流れてくるデータがす
べてそろったときにそのアイコンの機能が実行されるので，データの流れがプログラムの実行順番を決
めます．このようなプログラムの書き方をデータフロー・プログラミングと呼びます．多くの計測機器
メーカが提供しているLabVIEW用ライブラリも機能ごとのアイコンとなっているので，先ほどの例の
ようにフローチャートを考えて，グラフィカルにプログラムを書くことができます．

　LabVIEWは，「ラボビュー」や「ラブビュー」と呼んでいる人が多いようです．Laboratory Virtual
Instrumentation Engineering Workbenchを略したもので，直訳的に訳すと「実験室で使う仮想の測定
装置，制御装置などを装備する技術作業台」です．測定器やモータなどを動かす制御ボードやメータや
ランプなどが載っている実験室の頑丈なテーブルを思い浮かべてみてください．LabVIEWは30年以上も
前に生まれましたが，当時から実験室の作業台をバーチャルに実現するという心意気だったと思います．

　LabVIEWのプログラムは，仮想の測定装置をパソコンの中に作るという意味でVI（Virtual
Instrument）と呼ばれます．プログラム・ファイルの拡張子には.viを使います．1986年に発売されて以
来，計測や制御の分野を中心に使われているプログラム言語で，センサの信号処理，測定器とコン
ピュータの間の通信，同期した入出力制御などの一般的な計測制御の用途は当然ですが，カメラからの
画像収録と画像処理やFPGAと呼ばれるデバイスのプログラムもグラフィカル・プログラミングで作成
することができます．

1-2　解説したプログラムはLabVIEWホーム版で動作確認済み

　本書で解説したプログラムは，「LabVIEW 2014 Home Bundle（LabVIEWホーム版）」で動作を確認しています．この「LabVIEW 2014 Home Bundle（LabVIEWホーム版）」は非商用での使用に限定されていますが5,800円程度で入手可能です．

　プログラムを商用利用する場合は，LabVIEWプロフェッショナル開発システムなどが別途必要です．

 ## 1-3　LabVIEWとマイコン・ボードをLINXでつなぐ

　LabVIEWホーム版を販売しているデジレント社のホームページには，次のように書かれています．

　「メイカーや学生を対象としたLabVIEWホーム版では，誰でもアイコンやワイヤを使って視覚的にプログラムすることができるようになり，そのプログラム環境だけでハードウェアとさまざまな製作物を結び付けることができます．」

　ここで書かれているメイカーとは，3Dプリンタなどのディジタル機器やマイコン・ボードを使ってハードウェアを個人ベースあるいは少人数のチームで開発する人たちのことです．インターネットを使ったコミュニティの中で経験や情報を共有して，新しいインスピレーションを得たり，改善を行ったりしています．

　このような従来の大量生産とは異なる新しいモノづくりの潮流は，メイカー・ムーブメントと呼ばれています．日本でもたくさんのメイカーが活動していて，メイカーが集まるもっとも大きな催しがMaker Faire Tokyo（MFT）です．ここでは個性的な発想や新しい技術を使って，来場者が驚くようなものや便利なもの，ユニークなものを展示しています．

　企業や団体などの組織に所属するエンジニアも参加しているのですが，日常では多くの制約の中で商品開発や研究を行っていますから，組織を離れた自由な発想でモノを作る楽しさを感じているようです．

　筆者も，LabVIEWホーム版を使った電子工作を楽しむ一人としてMaker Faireに参加しています．キッチン用のはかりを分解して，ロードセル出力をディジタル・アンプで測定したデータをパソコンに取り込むLabVIEWプログラムを作成しました．連続的にデータを取り込めるメリットをアピールできるように，ビー玉をはかりの台に転がして，転がり落ちる間にビー玉の重さを測るという装置を作って展示しました（**写真1-1**）．

　デジレント社は，LabVIEW MakerHubというLabVIEWを使ったモノづくりのオンライン・コミュニティを運営しています．その中で，LabVIEWとArduinoやラズベリー・パイなどのマイコン・ボードやボード・コンピュータを結び付けるLINXというオープン・ソースのアドオン・ツールを無料で公開しています．

　Arduinoやラズベリー・パイには外部入出力ピンが豊富に用意されているので，さまざまなプログラ

写真1-1　MFT2017で展示した LabVIEW Home版を使った電子工作

ムを作るのに適しています．LINXを使うことで，LabVIEWのグラフィカル・プログラミングで入出力を制御して，ドラッグ＆ドロップで配置できるわかりやすいUIを使ったモノづくりを楽しむことができます．

 ## 1-4　LabVIEWとArduinoをつなぐLINX

　Arduinoは，入出力をプログラムで制御できるマイクロコントローラを使った基板です．マイクロコントローラは，おもに家電製品や装置などの動作を制御するために使われていて，電源を入れるとプログラムが動き続けます．プログラムに使用できるメモリ容量が小さいので，大規模なプログラムを使うことはできませんが，決められたタイミングを守って確定的な動作を行わせることができます．

　マイクロコントローラには，CPUやメモリ，タイマ，入出力機能などが一通り入っているため，周辺回路を付け加える必要が少なく，安価な基板を製造することができます．Arduinoは，オープンソース・ハードウェアとなっていて，仕様が公開されていており，多くの種類の互換機が販売されています．

　写真1-2の左上にあるのが，もっとも一般的に使われているUNOという機種です．左下は，MEGA2560という入出力が多くなっている機種の互換機です．本書では，この2機種を使います．

　LINXでArduinoを使う場合には，LINXのコマンドに応じてArduinoの入出力を行うプログラム（ファームウェア）をArduinoにアップロードします．ファームウェアは，LINXのコマンドを受けて

写真1-2　本書で使用する
Arduinoとラズベリー・パイ

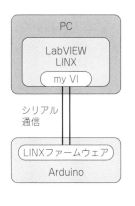

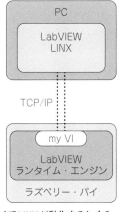

図1-3　Arduinoとラズベリー・パイでLINXが動作するしくみ

表1-1　各種ArduinoにおけるLINXの動作状況(筆者調べ)

Arduino機種	LINXでの使用
UNO	問題なく使えました
MEGA2560	問題なく使えました
NANO	問題なく使えました
Leonard	LINXの標準的な方法ではファームウェアがアップロードできません
Pro/micro	LINXの標準的な方法ではファームウェアがアップロードできません

Arduinoのアナログ入力の値を返したり，ディジタル出力をON/OFFしたり，I²C通信を仲介したりします.

　コマンドとArduinoの応答は，USBで接続されたCOMポートを使って行われるので，Arduinoを単独で動作させることはできません. 詳しくは第3章で説明しますが，**図1-3**の左側で模式的にLINXとArduinoの関係を示しました. なお，本書で使用した2機種以外にも試してみたものがあるので，**表1-1**に示します.

1-5　LabVIEWとラズベリー・パイをLINXでつなぐ

ラズベリー・パイは，**写真1-2**の右上にあるLinux OSで動く小さなコンピュータです．さまざまなモデルがありますが，本書ではラズベリー・パイ3 model Bを使用します．本書で使用した機種以外でも試してみたものがありますので，**表1-2**に示します．

ラズベリー・パイの電源を入れると，OSが立ち上がってプログラムを動かせる状態になります．ラズベリー・パイはメモリに余裕がありファイル・システムも整っているので，LabVIEWを実行するランタイム・エンジン(LabVIEW 2014の英語版)をインストールできます．パソコンで作成したLabVIEWプログラムを実行形式に変換して，IPアドレスで接続したラズベリー・パイに展開します．

実行形式のプログラムをLabVIEWランタイム・エンジンで実行できるようにすることを，デプロイ(Deploy)と呼んでいます．デプロイしたVIを電源ONで自動的に起動するように設定すれば，VIを作成したパソコンと接続されていなくとも(スタンドアロンで)VIを動作させることができます．詳しくは第12章で説明しますが，**図1-3**の右側に模式的にLINXとラズベリー・パイの関係を示しました．

ラズベリー・パイには，LabVIEW 2014の英語版のランタイム・エンジンがインストールされるため，実行形式のVIを作成するときもLabVIEW 2014の英語版を使う必要があります．同じパソコンの中に，

表1-2　ラズベリー・パイの各モデルにおけるLINXの動作状況(筆者調べ)

ラズベリー・パイの機種	LINXでの使用
初期モデル	LINXサポート外
2 Model B	2017-04-10-raspbian-jessieで動作
3 Model B	2017-04-10-raspbian-jessieで動作
3 Model B+	2017-04-10-raspbian-jessieで動作せず
Zero/Zero W	LINXサポート外

表1-3　Arduinoとラズベリー・パイのLINXでの利便性

比較項目	Arduino	ラズベリー・パイ
LabVIEW2014Home版の言語選択	日本語版/英語版どちらでも可	英語版
開発PCとの接続	常時シリアル・ポートでコマンドと応答の通信を行う	実行ファイル転送時IP接続 スタンドアロンで実行中は接続不要
データの表示	常時PC画面に表示できる	キャラクタディスプレイなどを接続 Webサーバ/DataDashboardの活用
データ保存	常時PCのファイル・システムで可	USBメモリに保存
動作速度(ディジタルON/OFF周期)	msec程度	msec程度
動作速度(I²C Read周期)	msec程度	msec程度
I/Oの電圧	5V	3.3V
その他の注意事項	業務用LabVIEWであれば商用利用可	ラズベリー・パイにインストールされたランタイム・エンジンは商用利用は不可
お勧めポイント	NIのUSB DACを使っているように気軽に使える	スタンドアロンの動作とネットへのアクセスで便利に役立ちそう

英語版のLabVIEWと日本語版のLabVIEWを同時にインストールすることができないため，第2章で LabVIEWをインストールするときにはLabVIEW 2014の英語版をインストールしてください．英語版 では，メニューや関数名やヘルプなどすべて英語で表示されますが，VIの中で日本語を使用すること はできます．

表1-3に，Arduinoを使う場合とラズベリー・パイを使う場合の比較表を用意したので，参考にして ください．

1-6 LabVIEW + LINXで作る測定器に使えるセンサやモジュール

メイカー・ムーブメントと並行して，センサの使いかたも大きく変化しました．高機能なICやセン サが，周辺回路付きのモジュールとして発売されるようになりましたので，電子回路に詳しくない人や はんだ付けが苦手な人でも，モジュールを購入すれば簡単に使えるようになりました．

昨今注目されている農業分野のモニタリングを例に考えれば，植物の生育と関係がある温度／湿度や 照度，水温，二酸化炭素濃度，土壌水分量などを測定するセンサ・モジュールが利用できます．

本書では，温度，湿度，大気圧を測定できるBME280モジュール(**写真1-3**)を使用しますが，このよ うな小さなセンサはモジュールで販売されていなければ使うことは困難です．照度センサは本書では 使っていませんが，アナログ入力で手軽に測定できます．

水温を測定できる熱電対用アンプ(**写真1-4**)を，本書で使用します．モジュール化されているので， 1.27mmピッチのはんだ付けは不要です．

二酸化炭素濃度センサとしてはMH-Z19というセンサに興味がありますが，国内のパーツショップで はまだ見当たりません．土壌水分センサもいくつか候補はありますが，土の中に埋めて使うため耐久性

写真1-3　環境センサBME280

写真1-4　熱電対アンプMAX31855

に難がありそうで，決定打が出てくるのを待っているところです．

このように，農業分野だけを見ても使えそうな新しいセンサ・モジュールが登場してきていますので，LabVIEW + LINXが活躍する場は広がっていくことと思います．

1-7　センサやデバイスのLabVIEW用ライブラリ

LINXを使うことで，LabVIEWのグラフィカル・プログラミングでArduinoやラズベリー・パイのI/Oを使った計測や制御ができるようになります．ただし，接続するセンサやデバイスで提供されるライブラリはArduino用やラズベリー・パイ用のもので，LINX用のライブラリはほとんど期待できません．

データシートを読んで，レジスタへの読み書きを行うライブラリをLabVIEWで作成する必要があります．本書では，13種類のセンサ・モジュールを使うためのライブラリとサンプル・プログラムを用意しました．

ライブラリは，モジュールの機能をすべて網羅しているわけではありませんが，すべてLabVIEWで書かれているので，基本的な使いかたを体験した後で目的に合わせてプログラムを改造することが可能です．本書で扱わなかったモジュールを使う場合でも，レジスタの読み取り方法や書き込み方法などに関するLabVIEWプログラミングの手法は参考になるはずです．

1-8　本書の構成

使用するモジュールと各章の関連を図1-4にまとめました．モジュールの機能に関係するVIは，Arduinoでもラズベリー・パイでも使うことができるので，複数のモジュールを組み合わせたり，改造して新しいモジュール用のVIに仕立てたり，本書をLabVIEW+LINXのサンプル集として活用できるようにしてみました．使用するモジュールに関する最小限の情報は本文中の表などにまとめましたが，詳しくは仕様書を確認してください．

第1部は準備編としてこの第1章で全体像を見ていき，第2章ではLabVIEW 2014ホーム版のインストールを行います．第1部で準備ができたら，第2部のArduino編と第3部のラズベリー・パイ編に分けて解説します．

第2部の第3章では，ArduinoにLINX用ファームウェアをアップロードします．サンプルVIのblink（simple）.viが動けば動作確認が終了です．第4章では，心拍センサを使ってLINXのアナログ入力のサンプルVIでLINXの使いかたを確認します．LabVIEWの豊富な機能の紹介を兼ねて，波形測定の関数を使って心拍数を求めるVIを作成します．また，ここでは，ほとんどの測定データの処理に応用できる循環バッファを使ったデータ処理を行っています．コラムでは，シフトレジスタと配列操作に慣れていない方向けに用例を紹介します．

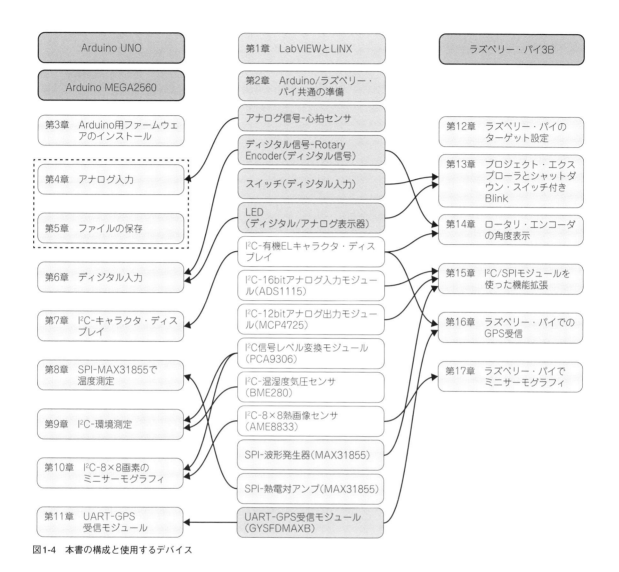

図1-4　本書の構成と使用するデバイス

　第5章では，第4章の心拍数測定プログラムにデータ保存機能を追加します．データ保存機能はどの
モジュールと組み合わせても利用する機会が多いと思います．第6章では，ロータリ・エンコーダ（イ
ンクリメント型）のシミュレータを使いながら信号の処理について説明を行い，その後ロータリ・エン
コーダを使ってLEDの明るさを調節するプログラムを作ります．コラムでは，I²Cと電圧レベル変換モ
ジュールについて説明しました．

　第7章は，I²C通信を使ったキャラクタ・ディスプレイのプログラムを説明します．他のキャラクタ・
ディスプレイを使う場合には，初期化命令などの変更が必要になる場合がありますが，基本的な手順は
同じなので参考になると思います．第8章は，SPI通信での熱電対センサ用アンプを使った温度測定プ

ログラムです．SPI通信のモード0からモード3について説明しましたので，他のSPIモジュールを使う場合も参考になると思います．また，コラムでは2の補数データの扱いについても説明しました．

第9章は，環境センサBME280のプログラムです．データ補正をフォーミュラ・ノードを使って行っているので，BME280の仕様書を読みながらブロックダイアグラムを見てください．第10章は，ミニサーモグラフィを扱いました．スムージング処理，疑似カラー表示，NI IMAQ関数を使った動画保存など，LabVIEWの機能をたくさん使いました．第11章では，GPS受信モジュールを使いました．UART通信のサンプルとしてご覧ください．

第3部の第12章は，ラズベリー・パイのOSを用意してLabVIEWランタイム・エンジンをインストールします．LINXのサンプルVIを正しくインストールできれば，長かった作業も終了です．第13章は，ラズベリー・パイでLINXを使うために必要となるプロジェクト・エクスプローラについて説明します．その後，LEDの点滅と押しボタン・スイッチを長押ししたときにラズベリー・パイをシャットダウンするプロジェクトを作ります．このVIを，リアルタイム・アプリケーションとしてラズベリー・パイを単独（スタンドアロン）で動作させる方法を説明します．

第14章は，ロータリ・エンコーダとキャラクタ・ディスプレイでノブの角度を表示するプロジェクトを作ります．このプロジェクトは，第2部と第3部の橋渡しとして，第2部で使ったVIを改造してラズベリー・パイで使う方法を説明します．第15章は，ラズベリー・パイのI/Oにはないアナログ入力とアナログ出力をI²C通信を使って追加します．また，波形発生モジュールをSPI通信の例として説明します．この章で説明するレジスタの読み書きの方法は，他のモジュールを使うときにも参考になると思います．

第16章は，スタンドアロンで使えて外に持ち出しやすいラズベリー・パイでGPSロガーを作ります．GPS受信モジュールとラズベリー・パイとの通信はUART通信を使用しますが，ラズベリー・パイでUART通信を使うときには，OSの設定ファイルを2か所変更する必要があるのでこの章で説明します．表示とデータ保存にはキャラクタ・ディスプレイとUSBメモリを使用します．第17章は，ミニサーモグラフィを使って2種類のWebサービスを説明します．iPadやアンドロイド・タブレット用データ・ダッシュ・ボードは，ラズベリー・パイのプロジェクトと連携できるので手軽に使えて便利です．

次に，パソコンのWebブラウザでラズベリー・パイのWebサービスに接続して測定結果の表示やボタンによる制御を行う方法について説明します．JavaScriptを使ったhtmlファイルでサーモグラフィのデータ表示や保存ボタンで，USBメモリへの熱画像を保存するプロジェクトを作ります．スタンドアロンで動作させるときに役に立つと思います．

それでは，これからLabVIEWにLINXとArduinoやラズベリー・パイを組み合わせて強力なツールを作りましょう．

＊

次のステップ（第2章）はLabVIEWのインストールですが，同じパソコンには日本語版と英語版を同居させることはできません．ラズベリー・パイに興味があるのでしたらLabVIEW 2014英語版をインストールしてください．

第2章

Arduinoと
ラズベリー・パイに
共通する準備

▷ 本章のポイント ◁

☐ NI LabVIEW Home Editionの無料試用期間は最長45日
☐ LabVIEW 2014 Home Editionのインストール方法
☐ NI-VISAのインストール方法
☐ LINXのインストール方法
☐ ブレッドボード，ワイヤ，はんだ付け
キーワード：LabVIEW 2014 Home Edition，NI-VISA，
　　　　　　VI Package Manager，LINX

　本章では，LabVIEWでArduinoとラズベリー・パイを使うために必要なソフトウェアのインストールを行います．インストールは，
　（1）LabVIEW 2014 Home Edition
　（2）NI-VISA
　（3）LINX
の順に行います．ところどころでスクリーンショットを交えながら手順を追っていきたいと思います．

2-1　LabVIEW 2014 Home Editionのインストール

LabVIEW 2014 Home Editionは，コラム1で紹介したLabVIEW MakerHubからダウンロードします．

https://www.labviewmakerhub.com/

　購入する前に7日間試用することができますが，試用期間の延長手続きをすると45日間まで使用することができます．LabVIEW 2014 Home Editionの購入先は，購入部品表をご覧ください．購入するとシリアル番号などが送られてきますが，ダウンロード先は同じです．

　LabVIEW MakerHubの[Libraries]の[LabVIEW]をクリックすると，**図2-1**のダウンロードページに移動します．[Download Now]をクリックすると，**図2-2**の画面になります．LabVIEW Homeは，家庭やメイカー向けの非商用の特別なバージョンとしてライセンスされる，というようなことが書かれています．

　実際のダウンロード画面に移動するにはNIユーザー・アカウントを作る必要があります．すでにNIユーザー・アカウントを持っている方は，ログインすればそのまま**図2-3**のダウンロード画面に移動します．

　日本語版を使う場合には，[Additional Operating System and Language Download of LabVIEW[+]]の[+]をクリックすると，英語以外のLabVIEWが表示されます（**図2-4**）．時間とハードディスクに余

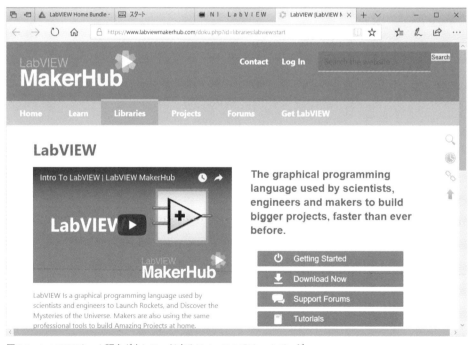

図2-1　LabVIEWホーム版をダウンロードするMakerHubのホームページ

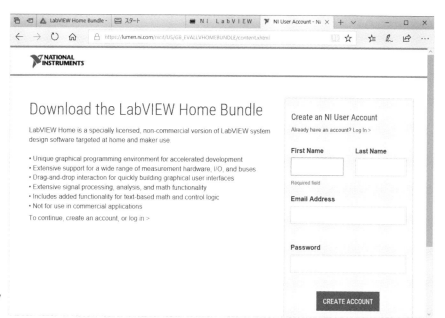

図2-2　NIユーザー・アカウントの登録画面

図2-3　英語版のダウンロード画面

　裕があるようなら，英語版と日本語版の両方をダウンロードしておくとよいと思います．今回は，英語版を使ってインストールの流れを説明します．

　ダウンロードしたファイルをダブルクリックすると，インストールが始まります．［OK］とか［Next］

図2-4　日本語版のダウンロード・リンク

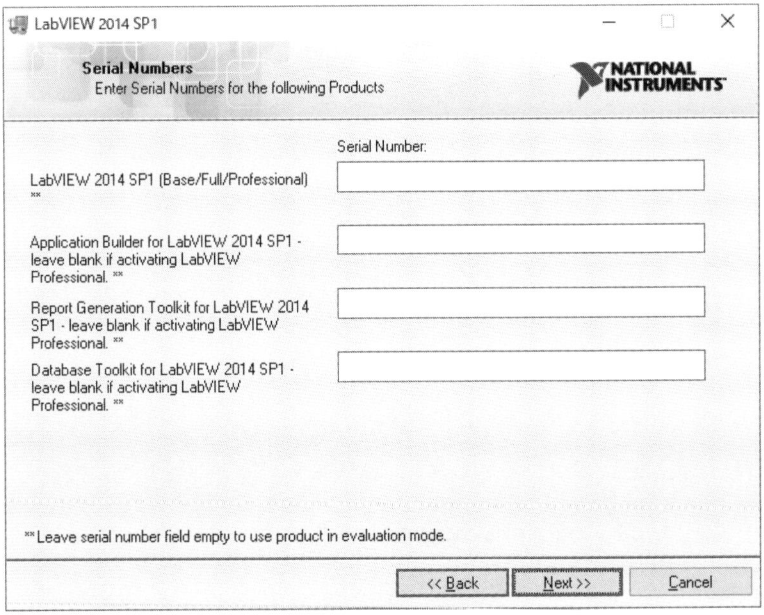

図2-5　シリアル番号の入力画面（評価版で使用する場合は空欄のまま）

で次々出てくる画面を進めていきます．途中でシリアル・ナンバーを入力する画面（**図2-5**）がありますが，ライセンスを購入した方は一番上の欄だけに記入してください．購入していない方はすべて空欄のまま[Next]を押してください．**図2-6**のような画面も出てきますが，そのまま[Next]を押してください．

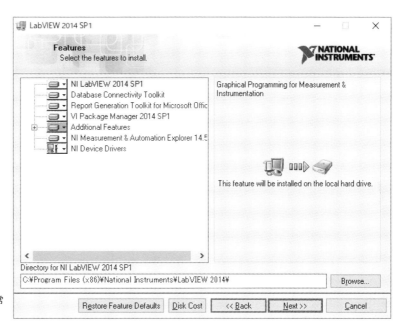

図2-6　インストール項目の選択（通常
はこのまま［Next］ボタンを押す）

図2-7　デバイス・ドライバ・ファイル
の指定（右の［不要］ボタンを押す）

図2-8　パソコンを再起動し
てインストールを終了する

　インストールが終了間際になると図2-7の画面が出てきますが，必要なデバイス・ドライバはないの
で，右下の［Decline Support］ボタンを押します．その後，いくつかの［OK］や［Next］を押した後，図
2-8の画面でインストールは終了です．パソコンを再起動してください．

2-2 NI-VISAのインストール

さて，順調にLabVIEWがインストールされたと思います．Windows 10のスタートボタンをクリックして，インストールされたアプリを見ると**図2-9**のようにLabVIEWがインストールされています．同時にインストールされているNI MAXをクリックして起動してください．NI MAXを使って，パソコンにインストールされたNIのソフトウェアを確認します．

左側のマイシステムのソフトウェアを展開すると，**図2-10**のようにNI関連のソフトウェアの一覧を見ることができます．この中にはまだNI VISAはありませんが，インストールが成功すれば表示されるはずです．VISAは，"Virtual Instrument Software Architecture"を略したものです．LINXを使うときには，シリアルとイーサネットを使うのでNI-VISAが必要になります．

LabVIEWもNI VISAも独立してバージョンが更新されているため，適切なバージョンをインストールする必要があります．「NI-VISA and LabVIEW Version Compatibility」は，以下のURLから見ることができます．

http://www.ni.com/product-documentation/53413/en/

ここでは，バージョン15.0.1を使うことにします．これは，次のURLからダウンロードできます．

図2-9　スタート・メニューにLabVIEWと関連アプリケーションが表示される

図2-10　NI MAXのLabVIEW関連ソフトウェア一覧表示

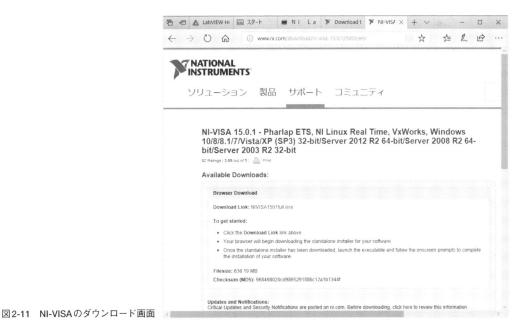

図2-11　NI-VISAのダウンロード画面

図2-12　NI-VISAのインス
トール画面

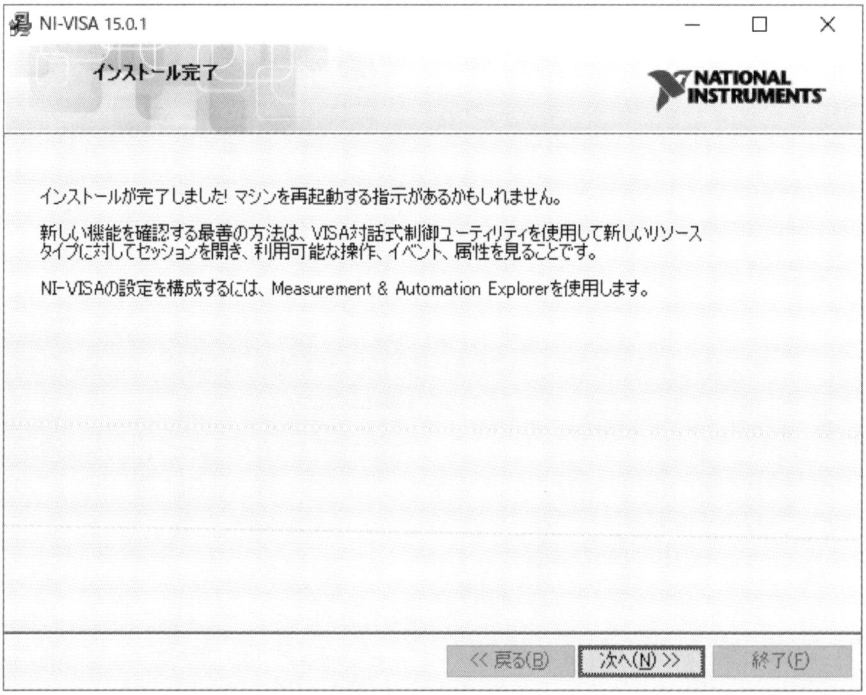

図2-13　NI-VISAのインス
トール終了画面

http://www.ni.com/download/ni-visa-15.0.1/5693/en/

　ページが開くと，図2-11のように表示されます．ダウンロードしてインストールします．

　図2-12の画面になってインストールが始まります．何度も［Next］ボタンを押して，図2-13の画面になると終了です．非力なパソコンだと時間はかかるかもしれませんが，迷う場面は少ないと思います．再起動した後でNI MAXを見ると，図2-14のようにNI VISAが表示されます．

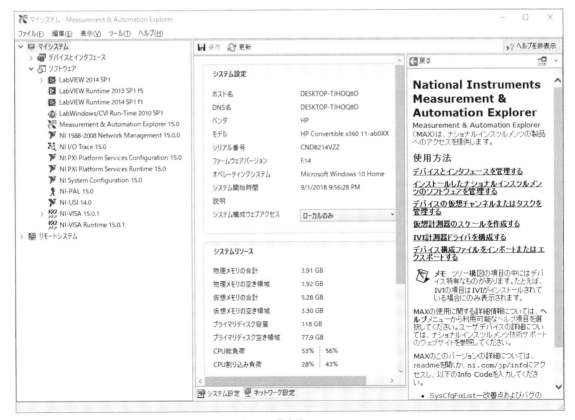

図2-14　NI-VISAのインストール後のNI MAXのソフトウェア一覧表示

コラム2　ブレッドボードとワイヤとはんだ付け

　ブレッドボードは，部品やピンを差し込むだけで電気回路を作れる便利なツールです．**写真2-A**の穴の開いたプラスチックの部品や写真の奥に見えるプラスチックの部品がブレッドボードです．中に金属のレールが入っていて，挿し込まれた部品のピンやワイヤのピン，抵抗やコンデンサの足などを電気的に接続します．写真奥にあるブレッドボードには横方向に赤い線と青い線が書かれていますが，縦のレールに挿し込んだピンと電源やグラウンドを接続しやすいように，横方向にレールが埋め込まれています．同じレールに電源ピンとグラウンド・ピンを差し込むと，当然ショートするので埋め込まれているレールを意識しながら使ってください．

　ピンが両端に付いたワイヤも販売されているので，両端がオスのワイヤと一端がメスで他端がオスのワイヤを用意してください．メスを使うのは，ラズベリー・パイのI/Oピンに差し込む場合と，ロータリ・エンコーダのように部品の形状が独特でブレッドボードに挿せない部品に差し込む場合です．それ以外はオスのピンを使うので，両端がオスのワイヤを多めに購入するとよいでしょう．

　モジュールを購入したときはピンをはんだ付けする必要があるので，はんだごてとヤニ入りはんだを用意してください．めったに使わない方こそ，温度調節機能付きのはんだごてを選んだほうが失敗が少ないと思います．

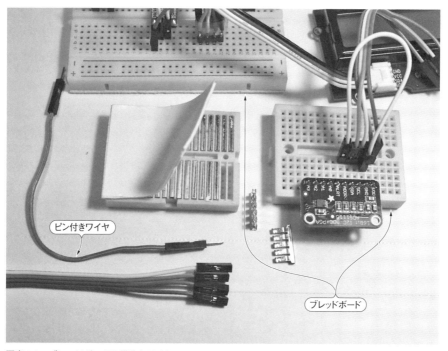

写真2-A　ブレッドボードの構造とワイヤ

2-3　LINXのインストール

　LINXをインストールする前に，LabVIEWを起動してみましょう．Windowsのスタート・ボタンからNI LabVIEW 2014を起動します．**図2-15**のライセンスを確認するウィンドウが現れて，Launch LabVIEWをクリックすると「試用期間は7日しかないので延長しましょうか？」というダイアログが出てくるかもしれません（**図2-16**）．［はい］ボタンを押すと，NIユーザー・アカウントを求められて，その後延長に成功したという画面が現れます（**図2-17**）．

　さて，いよいよLINXのインストールを行います．LabVIEWをインストールしたときにVI Package Manager（VIPM）というアプリケーションもインストールされています．VIPMは，LabVIEWのアド

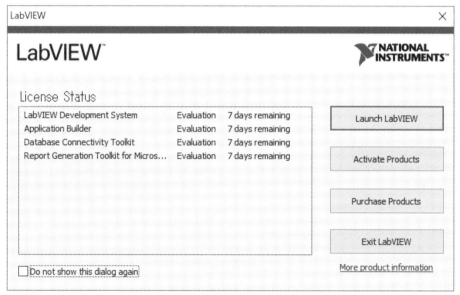

図2-15　LabVIEW起動後のライセンス状態の表示画面

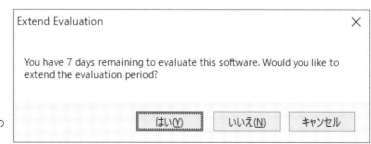

図2-16　試用期間延長の
ダイアログ画面

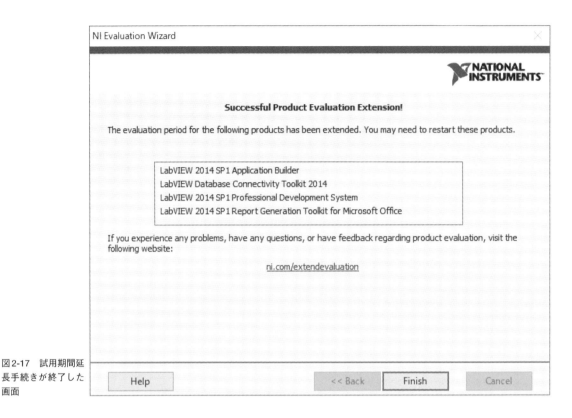

図2-17　試用期間延長手続きが終了した画面

図2-18　スタート・メニューからVI Package Managerを起動

オン・ソフトウェアのパッケージの管理を行うLabVIEWアプリケーションで，LINXのインストールもこのアプリケーションを使います．

図2-18 のように，Windowsのスタート・ボタンからVI Package Managerを起動します．起動直後は図2-19のように白紙ですが，最新のアドオン・ソフトウェア・パッケージのデータベースと現在パソコンにインストールされているアドオンの情報をもとに，リストを作成してくれます．リストができあがったら，図2-20のようにDigilent LINXを選択し，上段左端の［Install Package（s）］アイコンをクリックします．数回確認ボタンを押す必要がありますが，ほどなく終了します．

LabVIEWを再起動して新規VIを開き，図2-21のようにMakerHubをクリックしLINXのパレットがあればインストールは成功です．

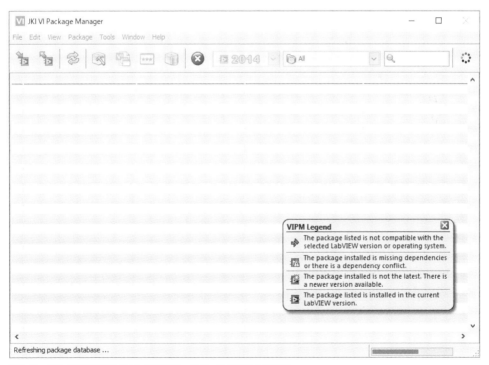

図2-19　NI LabVIEW用アドオンの最新データベースを取得中の画面

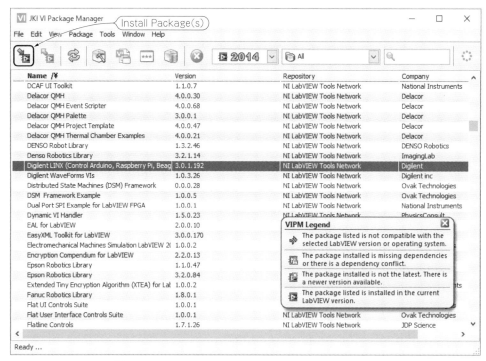

図2-20　Digilent LINXの選択

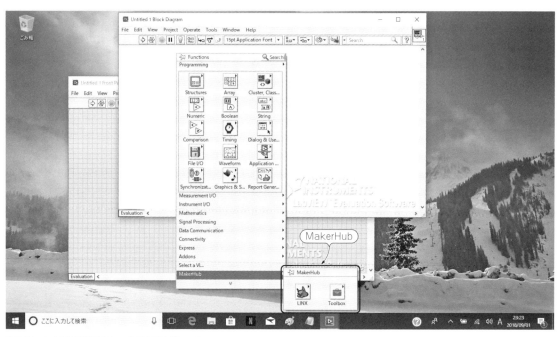

図2-21　LabVIEW関数パレットのLINXパレット

第3章

Arduino用
LINXファームウェアの
インストール

▶ **本章のポイント** ◀

☐ Arduinoのデバイス・ドライバを確認
☐ LINX Firmware Wizardを使ってファームウェアを書き込む
☐ Arduino IDEのインストール
キーワード：LINX Firmware Wizard，デバイス・マネージャ，
　　　　　　Firmware，シリアル・ポート

　本章からArduinoを使用した簡単なアプリケーション・プログラムをとおしてLINXをさまざまな
用途に活用する手順を解説していきます．まず本章では，ArduinoにLINXファームウェアをアップ
ロードする方法を説明します．

　次に，サンプル・プログラムを使ってArduinoボード上のLEDをON/OFFさせて，LINXファーム
ウェアが正しくインストールされ，Arduinoが使える状態になったことを確認します．

　本書では紹介できなかったモジュールを使う場合には，モジュール用のライブラリを使って動作
確認をするのが早道です．Arduinoのプログラム開発環境であるArduino IDEのインストール方
法も紹介しました．

3-1　LINXファームウェアのインストール

● Arduino UNOとパソコンの接続とポート番号の確認

第1章で紹介したArduinoのLINXファームウェア（LINXコマンドに応答するスケッチ）を書き込んでみましょう．まず，Arduino UNOのUSBケーブルをパソコンのUSBポートに差し込んでください．Windows 10にはデバイス・ドライバが用意されているので，適切なデバイス・ドライバが選ばれてArduino UNOが使える状態になります．Windows 10より前のパソコンの場合は，章末の「Arduino IDEのインストール」を行ってください．

Arduino UNOが使える状態になればデバイス・マネージャに表示されるので，次のような手順で確認します．

Windowsのスタート・ボタンから［Windowsシステム・ツール］フォルダのコントロール・パネルを開きます．デバイス・マネージャを開きます．ポート（COMとLPT）を展開すると接続したArduino UNOのCOMポート番号がわかります（**図3-1**）．COMポート番号は，これからよく使用するのでメモをしておいてください．

複数のUSBポートを持っているパソコンの場合は，差し込むUSBポートを変更すると異なるCOMポート番号になるので注意してください．ポート番号が表示されなかった場合は，章末の「Arduino IDEのインストール」を行ってください．

● LINX Firmware WizardでArduinoを選択

LabVIEWを起動します．起動画面が開いたら，**図3-2**のようにツール・メニューから［MakerHub］＞［LINX］＞［LINX Firmware Wizard …］を選択します．LINX Firmware Wizard（**図3-3**）が開きます．

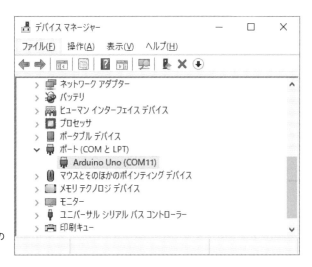

図3-1　デバイス・マネージャの
COMポート番号

図3-2　LINX Firmware Wizardの起動

図3-3　LINX Firmware
Wizard画面

[Device Family]を押してみると，Arduinoを含めてサポートされているデバイス・ファミリが表示されますが，ここでは[Arduino]を選択してください．

　[Device Type]を押してみると，LINXがサポートするArduinoの機種が表示されます．ここでは[Arduino UNO]を選択します．右下の[Next]ボタンを押すと，**図3-4**のCOMポート設定画面になる

図3-4　COMポート番号を選択する

図3-5　Firmwareの選択(このまま[Next]ボタンを押す)

ので，先ほど控えたCOMポート番号を選択して［Next］ボタンを押します．第11章ではArduino MEGA 2560を使用しますが，その場合は［Device Type］で［Arduino Mega2560］を選択してください．

図3-5の画面で［Next］ボタンを押すと，図3-6のようにアップロードが始まります．終了すると図3-7のように表示されるので，［Launch Example］を押すと［Manual Blink Example.vi］が開きます（図3-8）．

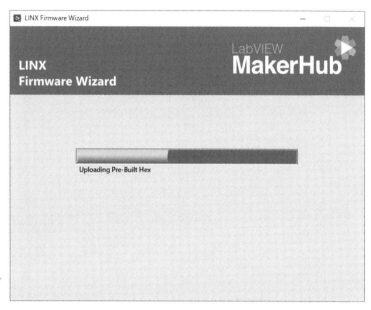

図3-6 Firmwareのアップ
ロード画面

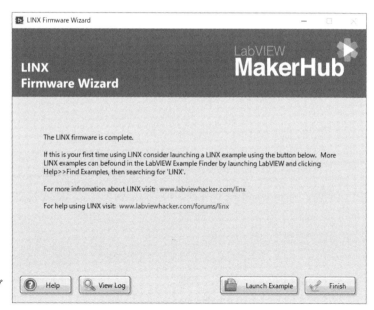

図3-7 Firmwareのアップ
ロードが終了した画面

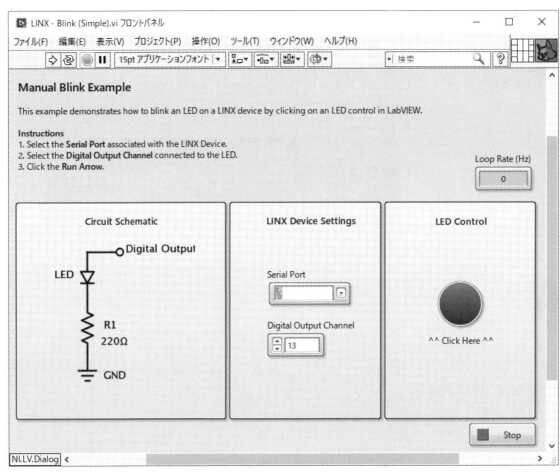

図3-8　Example VI（手動でLEDをON/OFFさせるVI）

●Manual Blink Exampleで動作を確認

　シリアル・ポートを設定して，[Digital Output Channel]が13になっていることを確認し，左上の矢印ボタンを押すとVIが実行されます．[LED Control]のLEDを押すたびにONとOFFが切り替わります（図3-9）．同時にArduinoの基板（写真3-1）のLと書かれたLEDが画面のLEDと同じようにON/OFFします．Lと書かれたLEDは13ピンと接続されていて，13ピンがON/OFFすると点灯/消灯します．

　Ctrl＋Eあるいは図3-10のように，ウィンドウ・メニューの[ブロックダイアグラムを表示]を選び，ブロックダイアグラムを開いてLabVIEW＋LINXで動作していることを確認します（図3-11）．VIを終了するときは，右下の[STOP]ボタンを押してください．実行中にArduinoのUSBケーブルを抜いてもArduinoは壊れませんが，通信が途絶えるためエラーが表示されます．

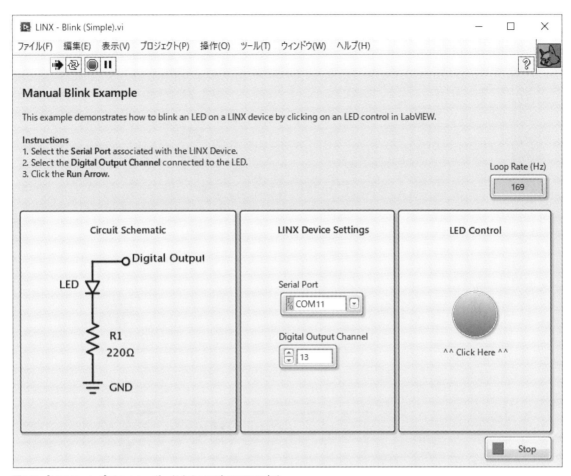

図3-9 ［LED Control］で Arduino ボード上の LED を ON/OFF する

写真3-1　Arduino ボード上の L と書かれた LED が ON/OFF する

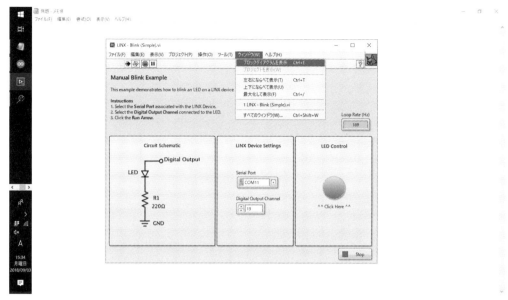

図3-10　ブロックダイアグラムを表示

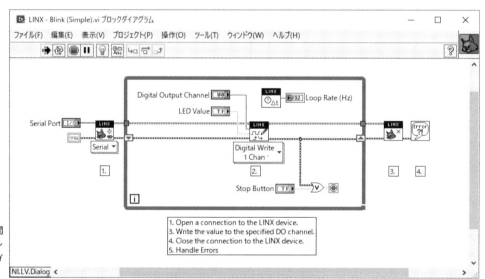

図3-11　LINX関数で書かれたサンプル・ブロックダイアグラム

●LINXのサンプルVI

　このVIは，LINXで用意しているサンプル・プログラムです．他のサンプル・プログラムは，**図3-12**のようにヘルプ・メニューから［サンプルを検索（E）...］をクリックし，NIサンプルファインダを開きます．表示オプションのディレクトリ別を押すと，右側のリストに［MakerHub］が現れます（**図3-13**）．ArduinoUNOでは動作しないものもありますが，興味のあるサンプルVIを開いて研究してみてください．

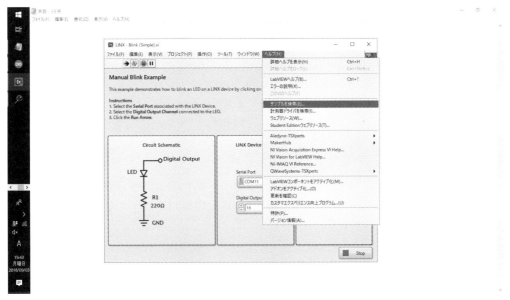

図3-12　サンプル・プログラムを検索

図3-13　ディレクトリ別表示で［MakerHub］を選択

3-2　Arduino IDEのインストール

　Windows 10より前のパソコンでは，Arduino UNOのUSBケーブルをパソコンのUSBポートに差し込んだだけではCOM番号が表示されない場合がありますが，Arduino IDEをインストールする過程でドライバをインストールすることができます．また，LINXだけでArduinoを使用する場合はArduino IDEを必要としませんが，新しいセンサやモジュールをテストするときにサンプル・スケッチは参考になると思います．ぜひArduino IDEをインストールしておくことをお勧めします．

　ここではWindows 7を使ってArduino IDEをインストールする方法を紹介します．初めてArduino UNOをUSBポートに接続すると，デバイス・マネージャは**図3-14**のようになります．次のURLからArduino IDEをダウンロードします．

　　https://www.arduino.cc/

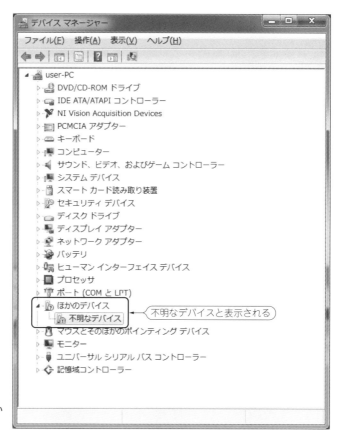

図3-14　Arduinoが認識されていない
場合のデバイス・マネージャの表示

機能アップとラズベリー・パイで使うためのヒント

LabVIEWのVIをラズベリー・パイで動作するようにコンパイルできる LabVIEW for Raspberry Piも発売されています．ラズベリー・パイではLINXは商用利用できませんが，LabVIEW for Raspberry Piには商用利用できるエディションがあるので，選択肢の1つになります．

https://www.tsxperts.com/labviewforraspberrypi/

ホームページが**図3-15**のように表示されるので，Softwareメニューからダウンロードを選択します．少し下にスクロールすると，最新のArduino IDEがダウンロードできるボタンが表示されます（**図3-16**）．一番上にある［Windows Installer］をクリックすると「Arduinoの開発に資金協力を」という画面

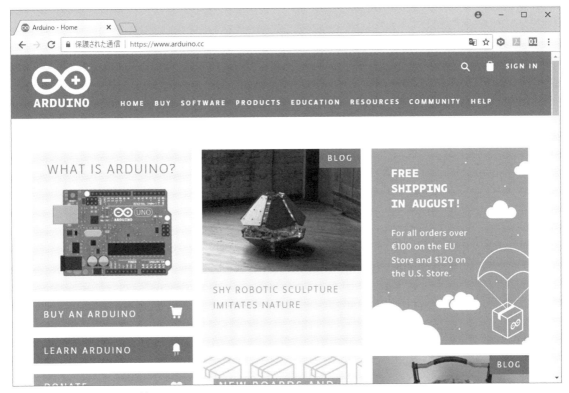

図3-15　Arduinoのホームページ

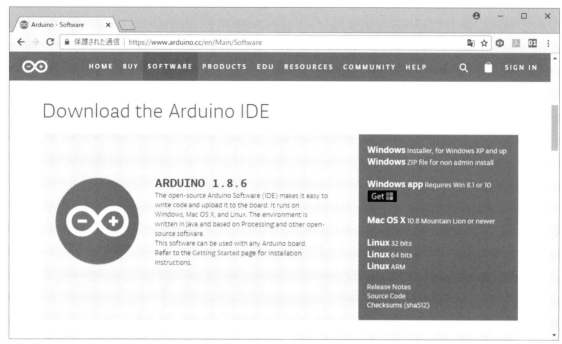

図3-16 Arduino IDEのダウンロード

が表示されるので，ここでは［Just Download］ボタンを押して次に進めます．

　ライセンス確認の画面，インストール内容の確認（**図3-17**）もそのまま進めて，インストールを開始します（**図3-18**）．デバイス・ソフトウェアのインストールをしますかという確認が数回ありますが，

コラム3　ACC4LV

　長すぎる製品名を縮めるとこのタイトルになるのですが，Arduino Compatible Compiler for LabVIEWが正式名です．LabVIEWでArduinoを使うときのもう1つの選択肢です．LabVIEW Interface for Arduinoを短くした名前のLIFAというものもありましたが，これはLINXの前身です．

　ACC4LVは，LabVIEWで書いたVIをArduino向けにコンパイルして書き込むという画期的なものです．すべてのLabVIEW関数が使えるわけではないので，筆者自身は使いこなすところまではいっていませんが，興味のある方は検討してみてください．LINXとは少し違うアプローチをしている製品だと思います．

https://www.tsxperts.com/arduino-compatible-compiler-for-labview/

図3-17　Arduino IDEのインストール

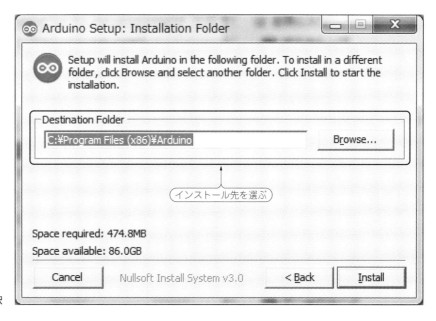

図3-18　インストール先の選択

あとで手動でインストールするので，すべてインストールをしないを選択してください．インストールが終了すると，Arduinoフォルダは**図3-19**のようにインストールされています．Arduinoフォルダのdriversフォルダがここにあることを覚えておいてください．

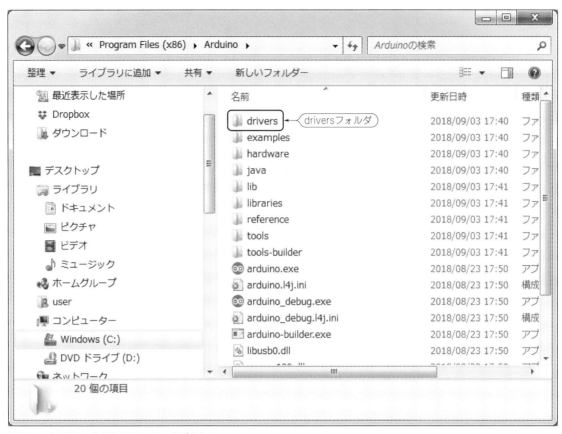

図3-19　インストール後のArduinoフォルダの内容

　図3-20のように，デバイス・マネージャの不明なデバイスを右クリックし，ドライバ・ソフトウェアの更新をクリックします．図3-21の画面が表示されるので，下にある［コンピュータを参照して…］を選択します．参照ボタンを押して，先ほどのArduinoフォルダのdriversフォルダを選択すると，図3-22のように必要なドライバを見つけてインストールしてくれます．ドライバのインストールが完了すると，デバイス・マネージャでポート番号が表示されます（図3-23）．

図3-20　デバイス・マネージャでのドライバ・ソフトウェアの更新

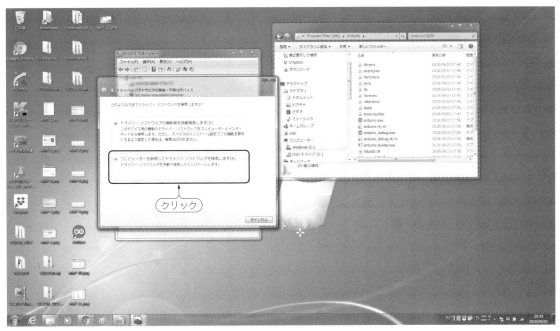

図3-21　コンピュータを参照して更新

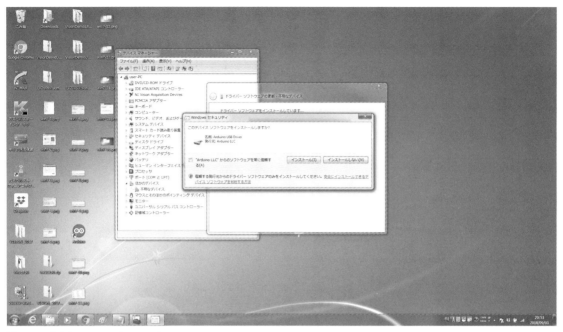

図3-22 デバイス・ソフトウェアのインストール

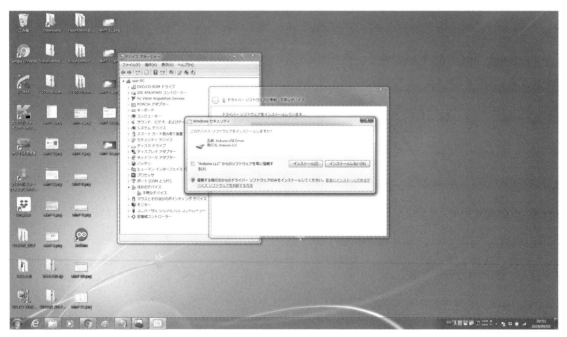

図3-23 正しく更新された状態

第4章

Arduinoにアナログ入力するプログラム
── 脈拍測定を例に

▶ **本章のポイント** ◀

☐ サンプルVIの使いかた
☐ 心拍センサの接続方法
☐ タイミング・ループを使って一定間隔でのサンプリング
☐ 配列操作とシフトレジスタで循環バッファを作る
☐ 波形データ・タイプで周波数解析
キーワード：サンプルを検索，タイミング・ループ，
　　　　　　シフトレジスタ，配列，循環バッファ

　マクロな現象はたいていアナログな変化を示しますが，その変化を電圧の変化として出力するセンサを接続できるのがアナログ入力です．本章では，手ごろな値段で配線も簡単な心拍センサを例にして，アナログ入力のプログラムを紹介します．

　心拍センサは，指先や耳たぶの中を流れる血液が脈拍に対応して色が変化する現象を電圧の変化として出力します（**写真4-1**）．赤外線領域のほうがヘモグロビンの状態による変化が大きいようですが，今回使用するセンサは緑色に対する反射量の違いを検知しています．脈拍は周期があるので，周波数解析の話題も扱います．

4-1 LINXのサンプル・プログラム

　前章までで，ソフトウェアのインストールやArduinoへのファームウェアのインストールが終了したので，LINXのサンプル・プログラムを見てみましょう．

　LabVIEWを起動して，ヘルプ・メニューから[サンプルを検索...]をクリックします（**図4-1**）．NIサンプル・ファインダのウィンドウが開きます（**図4-2**）．ディレクトリ別のボタンを押して[MakerHub] > [LINX]と階層を下がっていくと，たくさんのサンプルがあります．

　これらのサンプルを開いてみると，LINXを使ったプログラムの基本的な作り方がわかります．そこ

写真4-1　Arduino UNO
に接続した心拍センサ

図4-1　LINXのサンプルを検索

図4-2　NIサンプル・ファインダ

図4-3　アナログ入力のサンプルVI

でまず，アナログ入力の基本サンプル［LINX - Analog Read 1 Channel.vi］を選択してください（図4-3）．図4-4のようにVIのフロントパネルが開くので，ファイル・メニューから［別名で保存...］を選択して，本書でプログラムを作成したりデータを保存する作業用フォルダを用意し，そこに保存してください．

さて，たくさんあるように見えたLINXのサンプルVIですが，限定された機種でしか動かないサンプルの場合があります．そのため，部品を購入する前にサンプルを実行して図4-5のようなエラーが出ないことを確認してください．実行してみないとわからないのがちょっと残念です．

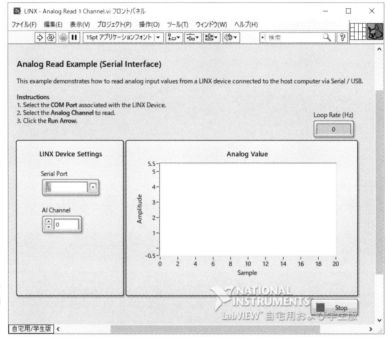

図4-4　アナログ入力の基本となるサンプルVI LINX - Analog Read 1 Channnel.vi

図4-5　サポートされていない機能ではサンプルVI実行後にエラーが表示される

4-2　アナログ入力のLINX - Analog Read 1 Channel.viの操作方法

　ハードウェアの準備として，心拍センサは**図4-6**のように黒はGND，赤は＋5V，紫はA0に接続します．次に，ArduinoのUSBケーブルをパソコンに接続します．Windowsのデバイス・マネージャを開いて，ポート（COMとLPT）でArduinoが接続されているCOMポート番号を調べてください（**図4-7**）．

　パソコンに複数のUSBポートがある場合は，同じUSBポートに接続するように心がけるとCOMポート番号が変わらないので調べる手間を減らすことができます．

　図4-8のように，Arduinoが接続されたCOMポート番号に設定します．縦軸の目盛りの数値が書かれている部分を右クリックして，［自動スケールY］にチェックを入れます（**図4-9**）．横軸のメモリの最小値を0に，最大値を1023に設定します（**図4-10**）．これで横軸は最新データから1023個前までの履歴を表示し，センサの電圧変化の最大値と最小値が縦軸いっぱいに拡大されて表示されます．

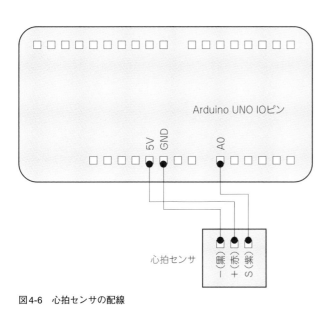

図4-6　心拍センサの配線

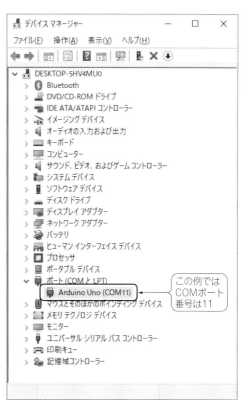

図4-7　COMポート番号の確認

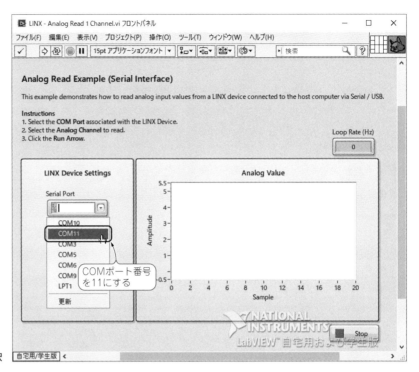

図4-8　シリアル・ポートの選択

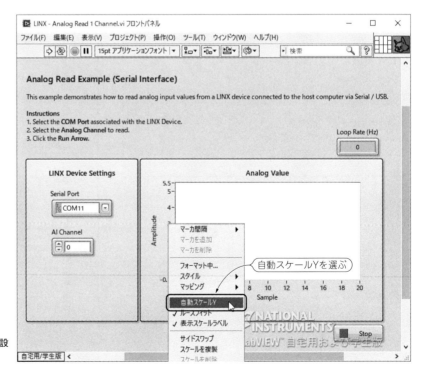

図4-9　Y軸を自動スケールに設定する

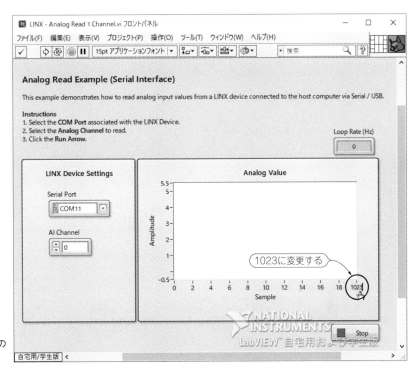

図4-10 横軸の目盛りの右端の
数値を1023に変更

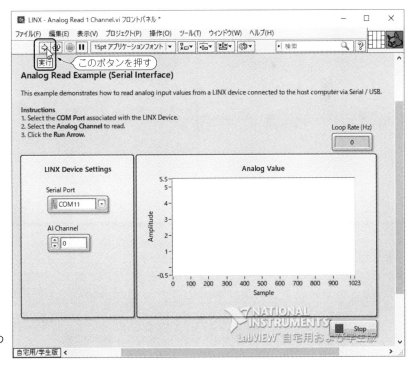

図4-11 フロントパネル左上の
［実行］ボタンを押して実行する

フロントパネル左上の矢印が書かれたアイコンが実行ボタンです．これをクリックしてください（**図4-11**）．画面は数秒変化しませんが，その後チャートにデータが表示され始めます．この間にLINXで使えるデバイスなのか，プログラムに含まれる関数をこのデバイスが使えるのかなど，念入りにチェックしているようです．

コラム4 LabVIEWらしさはシフトレジスタと配列

　LabVIEWでのプログラミングの一番の特徴は，アイコンとワイヤで作るデータフローにあると思います．その次に，シフトレジスタと配列演算がLabVIEWプログラミングの要になっています．

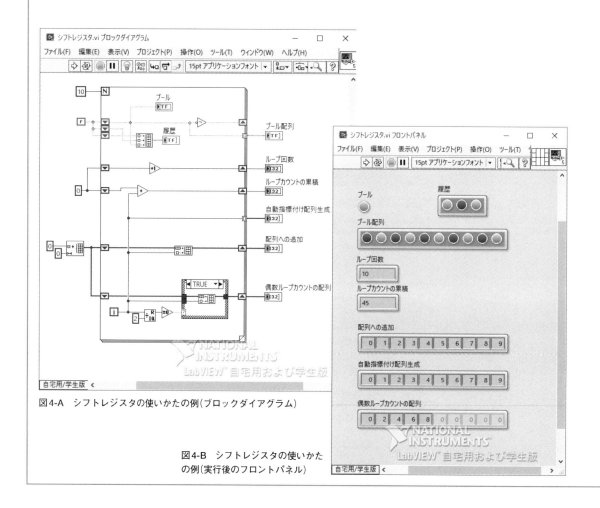

図4-A　シフトレジスタの使いかたの例（ブロックダイアグラム）

図4-B　シフトレジスタの使いかたの例（実行後のフロントパネル）

指の先にセンサを付けて，パルスがきれいに表示されるように指先とセンサの位置を探ります．強く押しすぎても，隙間があってもきれいな出力になりません．チャートの表示を見ながらちょうど良いセンサの位置を探してください．センサの前に白い紙を近づけて出力に変化がなければ配線をチェックしてください．

ループで反復処理をするときに，前の実行結果を利用して処理を進めることがありますが，そのようなときにシフトレジスタを使います．本書のサンプルでも多く使っているので，いくつかの例をまとめてみました．**図4-A**がダイアグラムで，**図4-B**が実行後のフロントパネルです．

あまり配列を意識せずに，配列のまま四則演算ができるのもLabVIEWプログラミングの面白さ

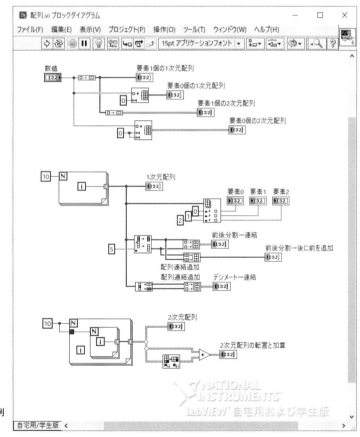

図4-C　配列の使いかたの例
（ブロックダイアグラム）

図4-12のように，脈拍がチャートに表示されるようになったら［Loop Rate（Hz）］の数値をみてください．使っているパソコンによって少し違うかもしれませんが，150Hzぐらいでフラフラしていることを覚えておいてください．

の1つです．［配列の連結と追加］のアイコンが大変身するので慣れるまで戸惑いますが，さらにデシメート1D配列やインタリーブ1D配列などのように似ているアイコンもあるので，配列パレットは意識して慣れてください．配列についても，いくつか例をまとめてみました．**図4-C**がダイアグラムで，**図4-D**が実行後のフロントパネルです．

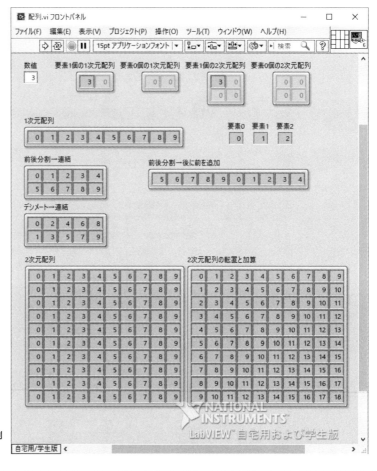

図4-D　配列の使いかたの例
（実行後のフロントパネル）

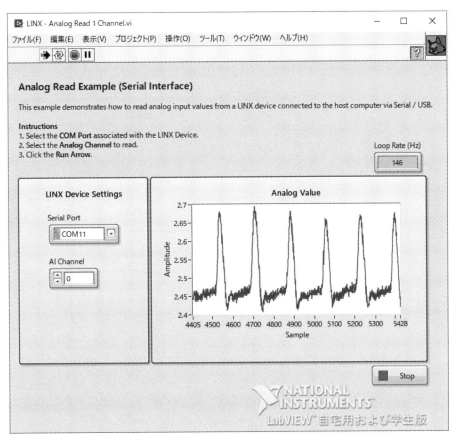

図4-12 血流に対応する
パルス波形が表示される

●アナログ入力VIのブロックダイアグラムの説明

　ウィンドウ・メニューにある[ダイアグラムを表示]をクリックしてください. 図4-13に示すように, Analog read 1ch.viという関数が置かれたWhileループが中央にあり, 左右にLINXをオープンする関数Open.viとクローズする関数Close.viが置かれています.

　Open.viはアイコンの下に[Serial]と表示されていて, シリアル・ポート制御器が接続されています. Analog Dataと書かれた端子が, フロントパネルでデータを表示していたチャートです. [Loop Rate (Hz)]という名前の表示器は, 時計の絵が描かれたアイコンのLoop Frequency.viという関数から出力されたもので, ループの実行速度を周波数で表示しています.

　ループの周波数が150Hzぐらいでフラフラしていたということは, 1秒間に150サンプル程度(約7ms間隔)のサンプリング・レートであるということと, サンプリング間隔がばらついていて, いつ測定したデータなのかがわからないプログラムだということです. Arduino UNO本来のアナログ入力のサンプリング周波数はおよそ10kHzなので, LINXでは効率の悪い使いかたをしていますが, 高速な現象でなければタイミング・ループなどを使って一定間隔で測定することができます.

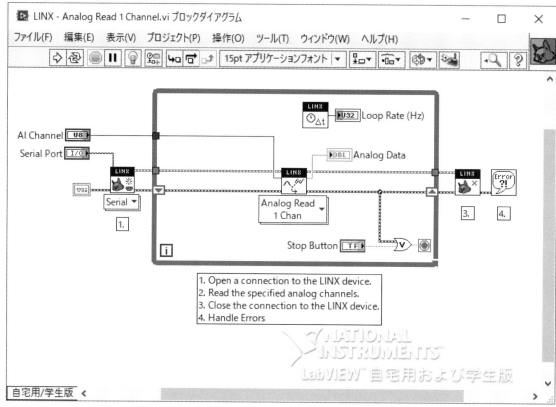

図4-13　アナログ入力サンプルVIのブロックダイアグラム

4-3　脈拍測定.viの操作方法

　次に，CD-ROMのサンプルVI脈拍測定.viを開いてください（図4-14）．シリアル・ポートとアナログ入力チャンネルは，LINX - Analog Read 1 Channel.viで使った値と同じです．フロントパネルには，周期を設定する制御器が追加されています．使用しているパソコンにもよりますが，10msぐらいにすると安定すると思います．測定データは波形グラフに表示されるので，実行してみてください（図4-15）．波形を周波数分析して推定した脈拍が表示されます．

●脈拍測定.viのブロックダイアグラムの説明

　図4-16が，脈拍測定.viのダイアグラムです．先ほど実行したLINX - Analog Read 1 Channel.viからの変更点の1つ目は，タイミング・ループの採用です．このVIは一定の間隔で動作します．デフォルトは，1kHzのクロックを使っているので1ms単位で時間間隔を設定できます．1MHzクロックを使って，

図4-14　脈拍測定.viの
フロントパネル

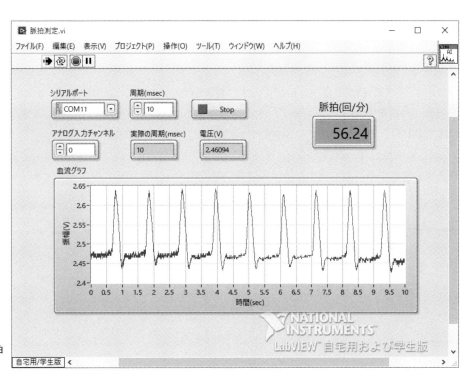

図4-15　実行中の脈拍
測定.vi

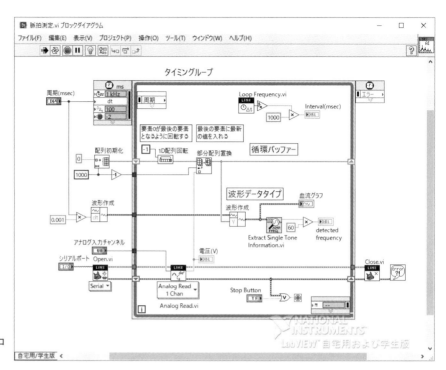

図4-16 脈拍測定.viのブロックダイアグラム

1μs単位で設定することもできます．ループ内のプログラムの実行時間が設定時間よりも長い場合には，設定時間の整数倍が経過したときに次のループ処理が始まります．

　次の変更点は，循環バッファの採用です．要素が1000個の配列を用意して，シフトレジスタに接続し，ループごとにデータを更新します．常に，最新の1000個のデータが表示されます．シフトレジスタを作成するには，ループを右クリックして［シフトレジスタを追加］をクリックします．

　3つ目の変更点は，波形データ・タイプの採用です．波形データは時間間隔の情報を持っているので，周波数を解析する関数に渡すだけで周波数領域でのデータに変換することができます．

第5章

ファイルの保存
──測定したデータを
自動的に保存するサブVI

▶ 本章のポイント ◀

- ☐ 自動ファイル保存機能を作る
- ☐ "配列からスプレッド・シート文字列に変換"関数は便利
- ☐ LabVIEWスタイル・チェック・リストを参考にしてわかりやすいダイアグラムを書こう
- ☐ サブVIにまとめよう

キーワード：相対パス，アプリケーション・ディレクトリ，ファイルまたはフォルダが既存する
　　　　　　かチェック，日付時間文字列を取得，パターンの検索と置換，CSV形式，配列か
　　　　　　らスプレッド・シート文字列に変換，ファイルを開く/作成/置換

　LabVIEWはファイル関連の関数がそろっているので，困ることは少ないと思います．「ファイル・
ダイアログを出して，ファイル名を付けて保存ボタンを押す」，という使いかたで，テストの種類や
目的，日付などによる一定の規則で作ったファイル名を付けて，わかりやすいようにすればよいと思
います．

　本章では，測定したデータを自動的に保存する場合に役立つサブVIについて説明します．たとえ
ば，実行ボタンを押して停止すると，その間のデータを自動的にファイルに保存する機能があれば，
ダイアログ画面にわずらわされることがなくなります．あるいは，数日間データを記録し続ける必要
があるときに，日付けが変わった時点で新しいファイルを作って記録することができれば，放ってお
いてもデータを蓄積することができます．

5-1　テキスト・ファイルにデータを追記するサブ VI

　図5-1のサブVIは，［データフォルダディレクトリ制御器］で指定したディレクトリに，［フォルダ名制御器］で指定したフォルダがあるかどうかをチェックして，フォルダがなければ作成します．［ファイル名制御器］で指定したファイルが存在しなければファイルを作成して，［書き込み文字列］に入力された文字列を保存します．指定したファイルが存在する場合は，そのファイルに追記します．

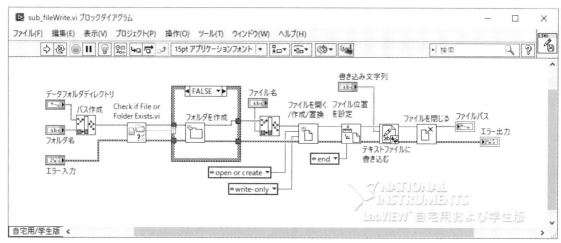

図5-1　sub_fileWrite.viのブロックダイアグラム

 ## 5-2　ファイル名を自動生成するサブ VI

　図5-2のサブVIは，現在時刻をファイル名にします．秒まで指定するので，ほとんど重複の心配なく使えると思います．これは，［実行ボタン］が押されるたびに新しいファイルを作成して保存する場合に使えます．例えば，20180820_100842.csvは，2018年8月20日10時8分42秒にサブVIが実行されたときに生成されるファイル名です．

　1日分を1つのファイルに保存したい場合には，このサブVIを改造して20180820.csvが出力されるようにします．日付が変わり［実行ボタン］が押されると，新しいファイル20180821.csvが作成されます．

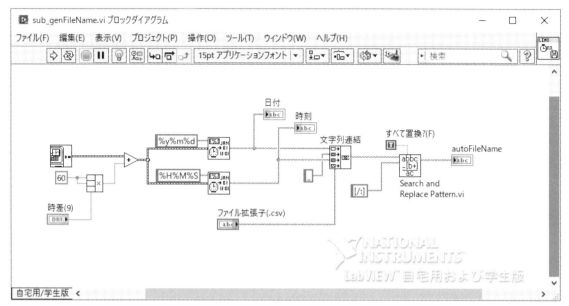

図5-2 sub_genFileName.viのブロックダイアグラム

 ## 5-3 脈拍を記録するプログラムの操作方法

　2つのサブVIを使って, 第4章の脈拍測定.viにデータを保存する機能を追加します. 図5-3がフロントパネルです. 保存時間間隔を指定して実行すると, 10秒間のデータから周波数解析して得られた心拍数がグラフで表示され, 同時に記録されます.

　図5-4がダイアグラムです. タイムド・ループの中に, ケース構造を追加しました. 保存するタイミングになると, Trueケースが実行されます. Falseは図では見えませんが, 脈拍の1次元配列をそのままスルーしているだけです.

　ApplicationDirectory.viは, LabVIEWのヘルプで機能を確認してほしいのですが, この例では, 脈拍記録.viが保存されているディレクトリが出力されます. 脈拍記録.viと同じ階層にDataFolderというフォルダが作られて, そのフォルダの中にファイルが作られます(図5-5). 記録されているファイルを表計算アプリケーションで開いた状態が, 図5-6です.

　データを記録するために数値から文字列に変換する場合には, [配列からスプレッドシート文字列に変換]関数が便利です. 1次元配列以上の次元の配列を入力できますが, 数値は接続できません. 今回のように数値の場合は, 配列連結追加関数で1要素の1次元配列に変換して使います.

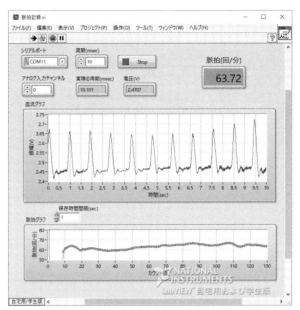

図5-3　脈拍記録.viの実行中の
フロントパネル

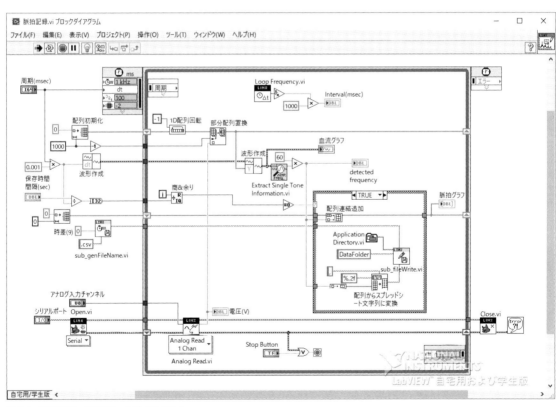

図5-4　脈拍記録.viのブロックダイアグラム

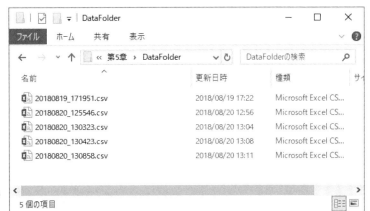

図5-5　指定したフォルダに自動的に記録されたデータ・ファイルの例

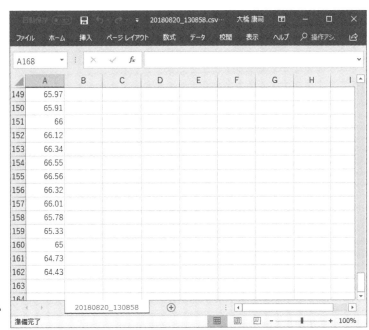

図5-6　エクセルでデータ・ファイルを開いた例

 機能アップのヒント

　ラズベリー・パイでのデータの保存はmicroSDカードに記録することも可能ですが，USBメモリを接続して記録したほうがデータの移動も簡単です．

第6章

Arduinoにディジタル入力するプログラム──ロータリ・エンコーダでLEDの明るさを調節

▷ **本章のポイント** ◁

☐ インクリメント型ロータリ・エンコーダの使いかた
☐ ケース構造のケースセレクタ・ラベルの多彩な記述方法
☐ PWMは擬似的なアナログ出力
☐ ステートマシンのチュートリアルはお勧め
キーワード：ロータリ・エンコーダ，プルアップ抵抗，
　　　　　　シフトレジスタ，ケース・ストラクチャ，
　　　　　　PWM，LED，Vf，電流制限抵抗

　LabVIEWは電気回路やセンサの振る舞いをシミュレートして，あたかも回路やセンサが動作しているようなプログラムを作るときにも便利に使えるツールです．実際に配線する前にシミュレータでインクリメント型ロータリ・エンコーダのしくみを見てみましょう．
　プルアップ抵抗やLEDの使いかたなど電気回路についても少しだけ説明します．

6-1 ロータリ・エンコーダを使ってLEDの明るさを調節する

ディジタル入力の典型的な例は，スイッチです．トグルスイッチは，ONかOFFを選ぶスイッチとしてよく使われます．押しボタン・スイッチは，ブザーを鳴らして何かを反応させるときなどに使われます．どちらのスイッチも電気的に2つの状態，すなわち電流が流れない絶縁状態か，電流が流れる導通状態になります．

V_{DD}あるいは5Vと書かれた電源線，抵抗，スイッチ，グラウンド（GND）線などの配置と，信号線をどこに接続するかによって，スイッチが導通状態のときに信号の電圧がV_{DD}となる回路や同じ導通状態でも信号の電圧がGNDになる回路にすることができます（図6-1）．図6-1の左側の回路でスイッチがOFFのときにGNDにするために使われている抵抗はプルダウン抵抗と呼ばれています．図6-1の右側の回路でスイッチがOFFのときにV_{DD}（5V）にするために使われている抵抗はプルアップ抵抗と呼ばれています．

本章では，内部に2個のスイッチが組み込まれたインクリメント型のロータリ・エンコーダを使って，LEDの明るさを調節するプログラムを紹介します（写真6-1）．A相とB相という2本の信号線の信号変化で回転方向を判別して，回転方向に応じて加算や減算を行います．回転方向の判別方法を少し考えていただくことで，ディジタル入力後の処理についても扱います．

●ロータリ・エンコーダ・シミュレータ

実際に回路を組んでArduino + LINXでプログラミングする前に，ロータリ・エンコーダをシミュレートするプログラムRotary Encoder Simulator.vi（図6-2）を紹介します．実行ボタンを押してノブを回すと，A相，B相の波形がグラフに表示され，回転方向を示す緑色，黄色，赤色のLEDが点滅します．

タイムドループの周期に対して，ノブを回す速さが速いと誤った回転方向を表示することがありま

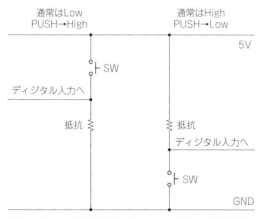

図6-1 スイッチが導通するとHighあるいはLowになる回路

写真6-1 ロータリ・エンコーダを使ってLEDの明るさを調節

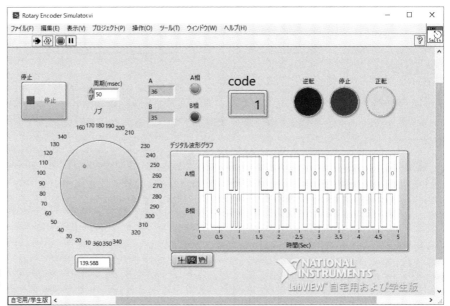

図6-2 ロータリ・エンコ
ーダ・シミュレータのフ
ロントパネル

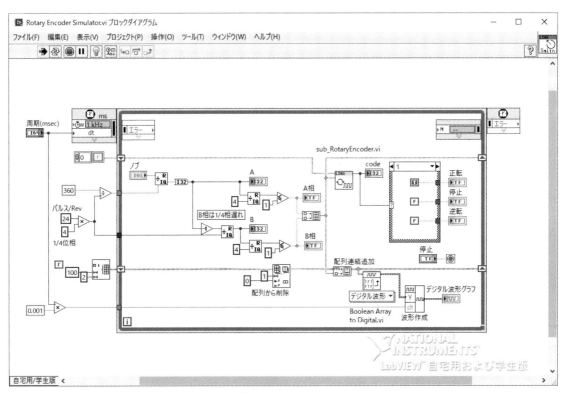

図6-3 ロータリ・エンコーダ・シミュレータのブロックダイアグラム

す．インクリメント型ロータリ・エンコーダは2回の連続する測定で方向を判定するため，測定間隔の順番が飛んでしまうと判断を誤ってしまうのです．ダイアグラム（**図6-3**）には，この後で実際に使うサブVI（sub_RotaryEncoder.vi）が使われています．

●ロータリ・エンコーダの配線図

本章で使用するインクリメント型のロータリ・エンコーダ（アルプス電気製EC12）は，スイッチが2個内蔵されていて，回転軸を回すとそれぞれ導通状態や絶縁状態になります．ここでは絶縁状態のときにVDD，導通状態のときにGNDとなるような回路で使います．

図6-4のように，3本の端子が下側にある状態でノブを正面に見たときに，左からA, C, B端子で，A-C間とB-C間がスイッチになります．LEDには，直列に電流制限抵抗を取り付けます（**図6-5**）．LEDは電流が多いほど明るく光りますが，素子によって定められている上限値を超えると破損する可能性が高くなるので，電流制限抵抗を使って電流を調整します．LEDに流れる電流値は，LEDの仕様書から順方向電圧（V_f）を調べて以下の式で求めることができます．

電流 $= (V_{DD} - V_f) /$ 電流制限抵抗

今回使用したLEDは$V_f = 2.1$Vなので，電流制限抵抗として330Ωを使うと電流は約10mA流れることになります．

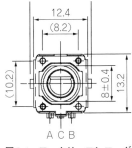

図6-4　ロータリ・エンコーダ
のピン名（ノブ側から見た図）

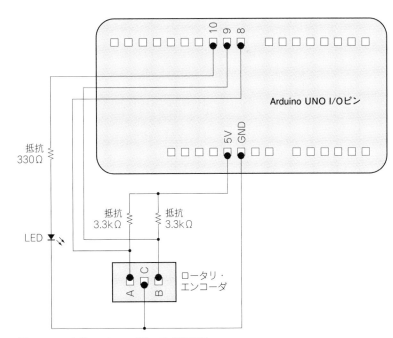

図6-5　ロータリ・エンコーダとLEDの配線図

6-2 インクリメント型ロータリ・エンコーダの信号処理

　本章で使うロータリ・エンコーダEC12は，1回転24パルスでA相とB相は1/4位相ずれていて，時計方向に回転するときにはA相が先行し，反時計方向に回転するときにはB相が先行します（図6-6）．

　A相・B相の前回値と今回値を4ビットのデータと考えて，ディジタル波形グラフで図6-7のように表示しました．参考のために，ダイアグラムを図6-8に示します．時計方向回転で進行するときには，グラフの1番上の［信号］欄に10進数で表示されるように2，4，13，11となります．反時計方向で進行するときには8，14，7，1となります．それ以外の数値のときには変化がなかったか，読み飛ばしてしまった場合となります．

　ロータリ・エンコーダの信号を処理するダイアグラムは，4ビット・データの10進数を入力するケース構造を使って簡単に作成することができます（図6-9）．反時計回転の場合は−1を出力し（図6-10），その他の場合は0を出力します（図6-11）．

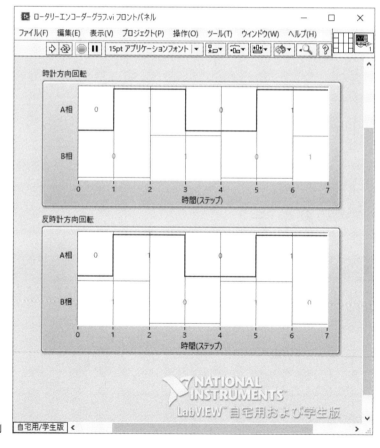

図6-6　回転方向とA相・B相のパルス列

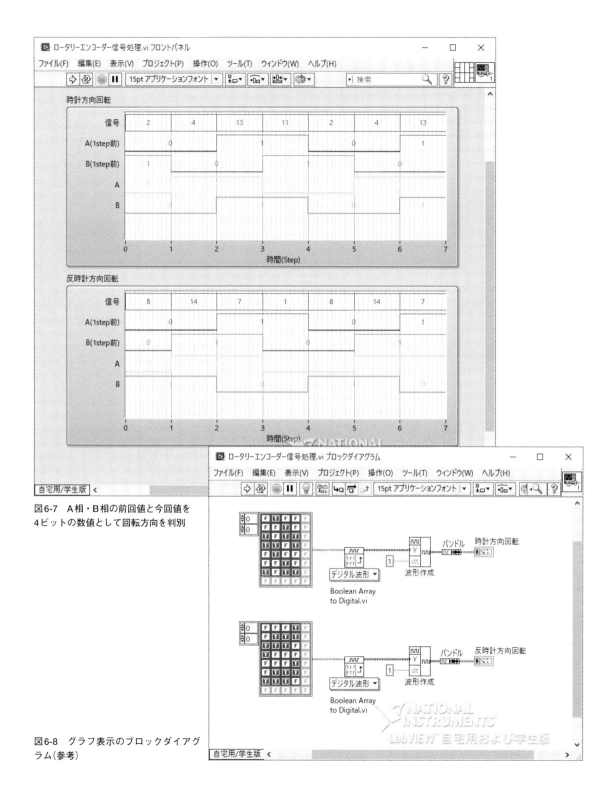

図6-7　A相・B相の前回値と今回値を4ビットの数値として回転方向を判別

図6-8　グラフ表示のブロックダイアグラム（参考）

このサブVIでは，時計方向・反時計方向のケースの選択にそれぞれ4個の数値を列挙しました．ケースで列挙されなかった数値の場合は，デフォルト・ケースで処理されます．ケース構造については，多彩な記述で指定できるので興味のある方はLabVIEWのヘルプで確認してください．

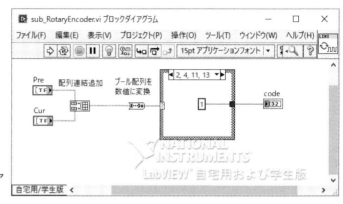

図6-9　時計方向と判定するケースのブロックダイアグラム

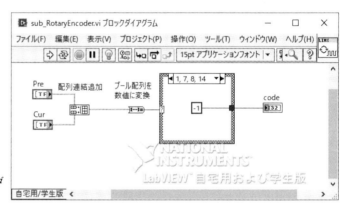

図6-10　反時計方向と判定するケースのブロックダイアグラム

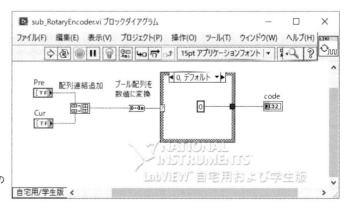

図6-11　変化なしまたは不連続と判定するケースのブロックダイアグラム

コラム5　ケース構造と列挙体でステートマシン

　ステートマシンは，いくつかの状態を移り変わって実行されるアプリケーションを作るときに便利なデザイン・パターンです．簡単な例としては，次のような5個の状態を移り変わるアプリケーションが考えられます．

　電源が入り，(1)初期化処理が終わると(2)待機状態になる．待機中に測定ボタンが押されると，(3)測定シーケンスを実行し，(4)測定値を記録し，(2)待機状態に戻り，待機中に終了ボタンが押されると(5)終了する．

　LabVIEWにはスタート・ポイントとして手ごろなテンプレートが用意されているので，LabVIEWのファイルメニューからたどってみてください．

　　LabVIEWのファイルメニュー＞プロジェクトを作成...＞簡易ステートマシン＞次へ＞終了

　このようにたどっていくとプロジェクトエクスプローラが開くので，Project Documentationを展開してSimple State Machine Documentation.htmlをダブルクリックすると，Webブラウザで日本語のチュートリアルが表示されます．ぜひ試してみてください．

6-3　ロータリ・エンコーダを使ったLEDの輝度調節プログラムの操作方法

　まず，RotaryEncoder_BrightnessAdjust.viを開いてください．Arduinoが接続されているシリアル・ポートを選択して，実行ボタンを押します(図6-12)．ロータリ・エンコーダを時計方向に回すとカウント値が増加し，LEDの明るさが増します．カウント値は下限が0で，上限が255の間を変化するようにプログラムしています．

●ダイアグラムの説明

　ディジタル入力は，複数チャンネルの場合はピン番号を配列で指定します(図6-13)．ここでは8ピンと9ピンを使うので，8と9の2要素の配列を入力しました．Digital Read.viからは8ピンと9ピンの状態がブール配列で出力されます．シフトレジスタに接続して前回値が取り出せるようにして，sub_RotaryEncoder.viに前回値と今回値を入力します．ロータリ・エンコーダの出力を5倍にしてLEDのカウント値を増減しています．カウント値のシフトレジスタに加算してから，範囲内と強制関数を使って0～255の範囲内に収めます．

　PWM Set DutyCycle.viを使って，LEDを接続してある10ピンにPWM信号を出力します．PWM信号は一定の周波数のパルスですが，周期に対するパルス幅の比率を0～100%まで指定することができます．

　LEDは目では気が付かないほど高速で点滅し，明るさは点滅のパルス幅の比率が大きいほど明るくな

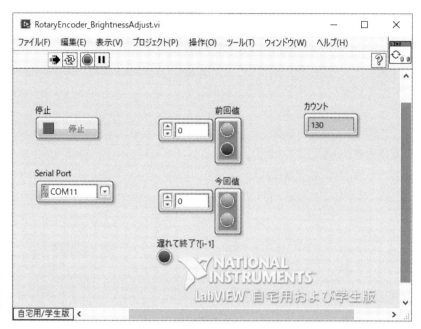

図6-12 ロータリ・エンコーダを使った LED の輝度調節プログラム
RotaryEncoder_BrightnessAdjust.vi のフロントパネル

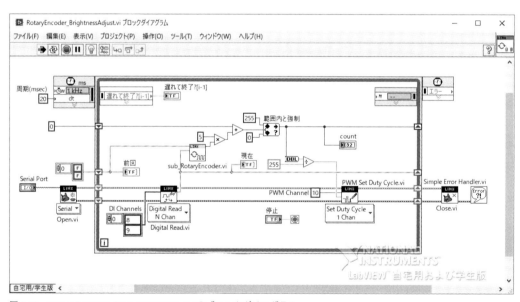

図6-13 RotaryEncoder_BrightnessAdjust.vi のブロックダイアグラム

ります．PWM Set DutyCycle.vi では0は0％，1.0は100％のPWM信号を出力します．PWM信号を使えば滑らかな出力制御ができるため，Arduinoではアナログ出力と呼んでいます．Arduino UNO では3, 5, 6, 9, 10, 11 ピンから出力することができます．

第7章

Arduinoに キャラクタ・ディスプレイ を接続する

▶ **本章のポイント** ◀

- □ I²C通信
- □ I²Cバスのプルアップ抵抗
- □ スレーブ・アドレス
- □ I²Cバス用双方向電圧レベル変換モジュール
- □ 文字列にフォーマット関数

キーワード：I²C(Inter-Integrated Circuit)，
　　　　　　スレーブ・アドレス，
　　　　　　数値の2進表記と16進表記

　センサの状態を簡単に表示できる安価なキャラクタ・ディスプレイは活躍できる場面が多いと思います．信号線2本で通信できるI²C通信はさまざまなモジュールで使われているので紹介を兼ねて使いかたを説明します．

7-1 ArduinoにI²Cでキャラクタ・ディスプレイを接続

　センサなどが接続されたArduinoのそばに置いて，測定値や現在の設定値などを表示するI²C接続の
キャラクタ・ディスプレイを紹介します．I²Cは，少ない端子数で接続できる便利な通信方式です．コ
ラム7で要点を説明しました．

　I²C対応のキャラクタ・ディスプレイは数種類販売されています．その中から4種類ほど試してみて，
Arduinoでもラズベリー・パイでもLabVIEWから使えてはんだ付けが難しくないものとして，16文字
2行の有機EL表示器（SO1602AWYB-UC-WB）を選びました（**写真7-1**）．表示色は緑色，白色，黄色が
あります．電源や信号電圧が3.3Vなので，I²Cバス用双方向電圧レベル変換モジュール（以下では電圧レ
ベル変換モジュールと略記）を使う必要があります．

写真7-1　I²C接続のキャラクタ・ディスプレイと電圧
レベル変換モジュール

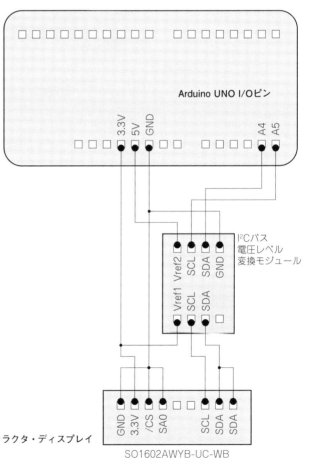

図7-1　キャラクタ・ディスプレイ
の配線図

●キャラクタ・ディスプレイの配線図

Arduino，電圧レベル変換モジュール，有機EL表示器を**図7-1**のように配線します．電圧レベル変換モジュールには，1kΩのプルアップ抵抗が付いていました．モジュール基板のジャンパを加工することでプルアップ抵抗を使用しないように変更できますが，今回はジャンパを加工せずに使っています．SO1602AWYB-UC-WBのスレーブ・アドレスは，SA0ピンをGNDに接続すれば0x3C，V_{CC}に接続すれば0x3Dになります．ここではGNDに接続したので0x3Cとなります．

7-2　有機EL表示器のコマンドと文字列表示

有機EL表示器の初期化手順を**表7-1**にまとめました．パワーオン・リセットでほとんど設定されているため，少ない手順で初期化できます．カスタマイズする際は，有機EL表示器に同梱されている説明書や製造元の資料，モジュールに使用されているコントローラ（US2066）の説明書などが参考になります．

カーソル位置の指定と文字列の表示方法を**表7-2**にまとめました．

表7-1　キャラクタ・ディスプレイの初期化コマンド

コマンド	b7	b6	b5	b4	b3	b2	b1	b0	待ち時間[msec]
Clear Display	0	0	0	0	0	0	0	1	20
Return Home	0	0	0	0	0	0	1	0	2
Display ON	0	0	0	0	1	1	0	0	2
Clear Display	0	0	0	0	0	0	0	1	20

0x00に続けてコマンドを書き込む
Display ONではb1＝0（カーソルOFF），b0＝0（ブリンクOFF）とする

表7-2　カーソル位置の指定と文字列の表示

コマンド	b7	b6	b5	b4	b3	b2	b1	b0	
Cursor position	1	D6	D5	D4	D3	D2	D1	D0	D＝Line×(0x20)＋Pos

0x00に続けてコマンドを書き込む
0x40に続けて一連の文字コードを書き込むとカーソル位置から文字列が表示される

機能アップとラズベリー・パイで使うためのヒント

数値から文字列への変換は，いろいろな関数が用意されているので試してみてください．文字列にフォーマット関数を使えば，測定値の前後に文字を付け加えてH=3.12mmのようにわかりやすい表示にすることができます．ラズベリー・パイでもこの表示器を使うことができるので，スタンドアロンで使うときに特に便利です．

7-3　プログラムの使いかたとプログラムの詳細

　図7-2は，16文字2行のキャラクタ・ディスプレイのサンプルVIです．CharacterDisplay_Arduino.viを開き，COMポートを選択して実行ボタンを押すと，1行目に「LabVIEW LINX」という文字列を固定表示させながら，2行目に1秒ごとに数字をカウントアップしていきます．

●ダイアグラムの説明

　CharacterDisplay_Arduino.viのダイアグラムは，**図7-3**です．まず，I2C Open.viでChannel 0を指定します．続いて，ディスプレイの初期化を行うサブVI，sub_InitSO1602.viを実行します．ここで，I²C Slave Addressに16進数で0x3Cを使用します．同じチャネルには最大127個のスレーブ・デバイスを接続することができますが，Slave Addressが同じデバイスは接続できません．

　それでは，ディスプレイを初期化するsub_InitSO1602.vi（**図7-4**）を見てみましょう．**表7-1**に示した初期化手順のバイナリ表記を，16進数でコマンド配列定数にまとめました．コマンド後の待機時間が指定されているので，コマンドとペアになるように待機配列定数を作成してForループの中でコマンド書き込みと待機を行います．

　コマンドと文字では先頭の合図が異なるので，1個のコマンドあるいは1文字を送るサブVI，sub_Write_CmndChar.vi（**図7-5**）を作成しました．コマンドの場合は0x00，文字の場合は0x40を配列の要素0に付けて，U8要素2の1次元配列でI2C Write.viに渡します．数値の表記は10進，16進が一般的ですが，ビットで指定する場合は2進表記を使うとわかりやすい場合があります．

　小さなディスプレイなので，文字列の書き込みは行ごとに先頭から書くことにしました．長い文字列を表示した後で短い文字列を表示すると，上書きされない文字が残るので，表示する前に16個の空白文字で消去しています．

図7-2　CharacterDisplay_Arduino.viのフロントパネル

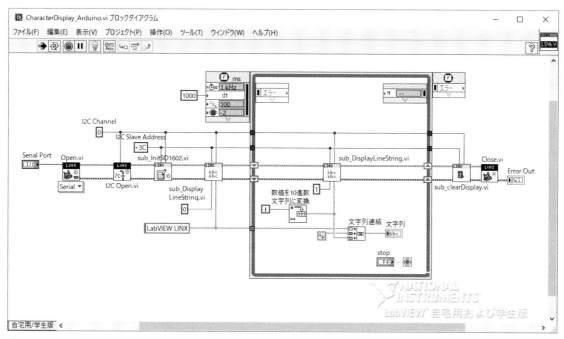

図7-3　CharacterDisplay_Arduino.viのブロックダイアグラム

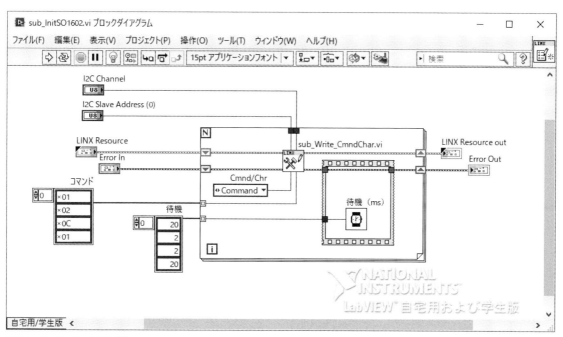

図7-4　ディスプレイの初期化

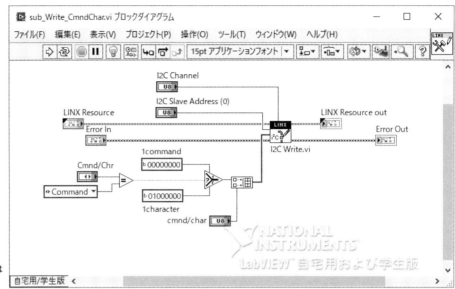

図7-5　コマンドまたは
文字書き込み

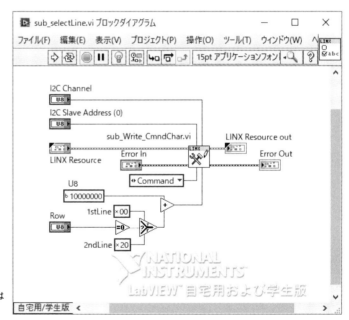

図7-6　カーソルを1行目あるいは
2行目の先頭に設定

　行を指定して先頭にカーソルを移動するサブVIのsub_selectLine.viは，**図7-6**です．**表7-2**にあるように，0b1000 0000に0行目は0x00を，1行目は0x20を加算してコマンドとして送ります．

　文字列の表示は，サブVIのsub_WriteString.viで行います（**図7-7**）．文字列をU8の配列に変換して配列の先頭に文字を書き込む合図の0x40（0b0100 0000）を置きます．

コラム⑥　I²Cと電圧レベル変換モジュール

　I²C (Inter-Integrated Circuit)通信は，シリアル・クロック(SCL)ラインとシリアル・データ(SDA)ラインと呼ばれる2本の接続線(I²Cバス)に複数のデバイスを接続して，それぞれのデバイスをアドレスで指定して通信することができます．使用するI/Oの数や配線を少なくできるのがこの通信方式の利点で，多くの半導体センサやICモジュールなどが採用しています．

　Arduino UNOではI²C (Channel 0)用端子として，SDAにA4ピン，SCLにA5ピンを使います．ラズベリー・パイで使用できるのはI²C (Channel 1)で，SDAに3ピンを，SCLに5ピンを使います．

　デバイスごとのアドレス(スレーブ・アドレス)は，ほとんどのセンサやモジュールではあらかじめ決められていますが，同じI²Cバスに複数接続する可能性が高いモジュールには，端子のH/Lによってアドレスを選択できる場合があります．

　I²Cのバスは，プルアップ抵抗でV_{DD}レベルにする必要があります．抵抗値としては，2k～10kΩぐらいが使われているようです．Arduino UNOやラズベリー・パイでは，内部にプルアップ抵抗(UNOは20k～50kΩ，ラズベリー・パイ2B/3Bは1.8kΩ)が組み込まれています．通信がうまくできない原因としては，プルアップ抵抗の値が過大であったり過小であったりということもありますが，モジュール側の信号の質が悪い場合がありますので，オシロスコープで信号を見て対応策を考えるのが良いと思います．

　Arduino UNOは5VのI/Oなので，3.3Vで設計されたI²Cモジュールを接続するとモジュールを破損する可能性があります．ラズベリー・パイは3.3VのI/Oなので，5VのI²Cモジュールは直接接続できません．このような場合は，電圧レベル変換モジュールを間に入れて対応します．

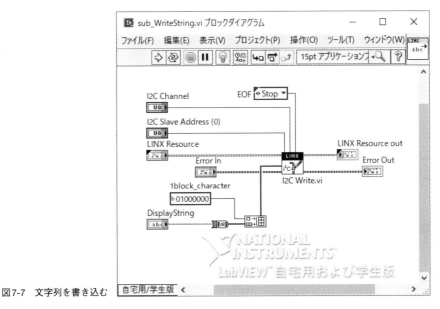

図7-7　文字列を書き込む

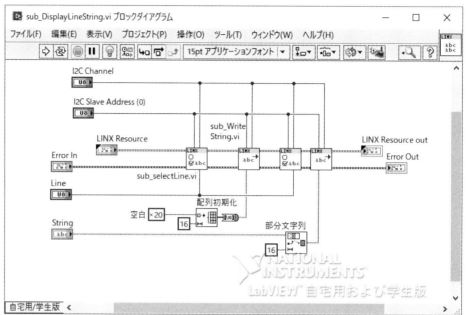

図7-8　1行目あるいは2行目に文字列を書き込む

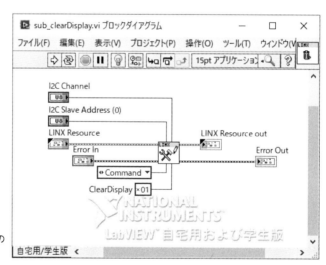

図7-9　ディスプレイの表示を消す

　表示する行の指定と文字列の書き込みを行うサブVIのsub_DisplayLineString.viは，**図7-8**です．空白（スペース）の文字コード0x20を16文字書いて，表示を消去してから文字列を書きます．

　プログラムが終了したときにも表示が残るので，画面をクリアするサブVIのsub_clearDisplay.viを使用します（**図7-9**）．

第8章

熱電対アンプ・モジュールで温度を測定する

▷ **本章のポイント** ◁

□ 熱電対で温度を測定する
□ SPI通信は4種類のモードがあることに注意
□ 2の補数表現は何ビットの数値なのかに注目
キーワード：SPI（Serial Peripheral Interface），熱電対，
　　　　　　数値結合，算術シフト

　第7章で説明したI²C通信と同様にSPI通信もモジュールとの通信によく使われます．温度測定の定番とも言える熱電対アンプ・モジュールを例にしてSPI通信のプログラム例を説明します．

　ディジタル・データでは効率的に通信するために複数の情報をひとまとめにする場合が多くあります．ここでは2種類の温度データと3種類のエラー情報を32ビットのデータとして受け取ります．その後のデータ処理についても説明します．

8-1　SPI接続の熱電対温度センサ用アンプで温度を測る

　温度測定の定番として熱電対はよく使われます．幅広い温度範囲に対応できて反応も速く，センサを接触させて確実に温度の測定ができるため古くから使われてきました．本章で使用したのは14ビットの熱電対アンプです．アンプとの通信はSPI（Serial Peripheral Interface）通信で行いますが，SPIは第7章で使ったI²C通信と同様にいろいろなモジュールとの通信に使われます．

　SPIは，シリアル・クロック（SCLK），マスタアウト・スレーブイン（MOSI），マスタイン・スレーブアウト（MISO），スレーブ・セレクト（SS）の4本で通信します．複数のモジュールを接続することができますが，モジュールごとにSS用のI/Oピンが必要となります．

　今回使用する熱電対アンプは，マキシム社のMAX31855です．Kタイプの熱電対用のモジュールで，−200℃〜＋700℃の温度範囲で±2℃の精度で測定できます．

●熱電対アンプとの配線

　熱電対アンプの配線を図8-1に示します．Arduino UNOのSPIピンはSCLKが13ピン，MOSIが11ピン，MISOが12ピンを使います．SSは10ピンを使うことが多いようですが，他のディジタル出力ピンも使用できます．MAX31855モジュールの端子名はCLKをSCLK，DOをMISO，CSをSSと読み換えてください．

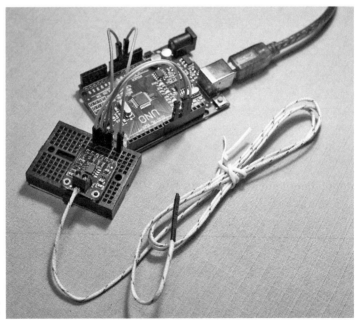

写真8-1　SPI接続の熱電対温
度センサ用アンプ・モジュール

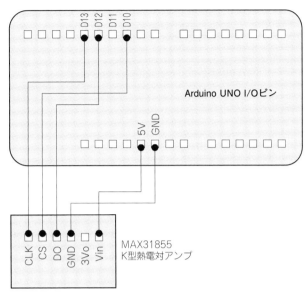

図8-1 熱電対アンプの配線図

表8-1 MAX31855の32ビット・メモリの詳細

b31	b30	b29	b28	b27	b26	b25	b24	b23	b22	b21	b20	b19	b18	b17	b16
T13	T12	T11	T10	T9	T8	T7	T6	T5	T4	T3	T2	T1	T0	Rsvd	F_any

b15	b14	b13	b12	b11	b10	b9	b8	b7	b6	b5	b4	b3	b2	b1	b0
RT11	RT10	RT9	RT8	RT7	RT6	RT5	RT4	RT3	RT2	RT1	RT0	Rsvd	SCV	SCG	OC

T13～0：温度測定値（14ビット，2の補数形式，係数0.25℃）
Rsvd：常に0
F_any：SCV，SCG，OCのどれかのFaultが発生
RT11～0：基準接点温度（12ビット，2の補数形式，係数0.0625℃）
Rsvd：常に0
SCV：熱電対がV_{CC}とショート
SCG：熱電対がGNDとショート
OC：熱電対が断線

　MAX31855にはMOSIに対応する端子はありません（MAX31855の仕様書で書かれているICのピン名はSCK，SO，CSなので，仕様書の説明ではICのピン名を使用する）．

　3.3Vでも使用できるので，ラズベリー・パイでも電圧レベル変換が不要です．

●MAX31855のメモリ・マップ

　MAX31855は熱電対で測定した温度データと基準接点の温度や熱電対の不良などの情報を32ビットのメモリに記録しています．詳細は，表8-1にまとめました．

コラム7　2の補数表現

　熱電対-ディジタル・コンバータMAX31855に限らず，正負のデータを扱う場合は2の補数表現が多く使われます．LabVIEWも符号付き整数は2の補数表現です．8ビットの符号付き整数をビット列で表すと，**図7-A**のようになります．最上位ビットが0の場合は正の数で，1の場合は負の数となります．

　LabVIEWで用意されている8ビット，16ビット，32ビット，64ビット以外のビット数の符号付き整数を受け取ったときには注意が必要です．2の補数表現の4ビットの符号付き整数をセンサから受け取る例を，**図7-B**の4ステップで説明します．

　ステップ①はセンサのデータです．ステップ②で，符号付き8ビット整数で受け取ります．上位4ビットは0なので，すべて正の数になっています．ステップ③で，＋4ビット算術シフトします．負の数だったものは最上位ビットが1となって，負の数となります．4ビット・シフトしたため，絶対値はすべて16倍となっています．ステップ④で，－4ビット算術シフトすると4ビット符号付き整数の値と同じになっています．

　ダイアグラムは**図7-C**です．2sComplementBoolArrayToI16.viは，この方法で変換しています．自分で書いたプログラムは律儀すぎたので，もっとLabVIEWらしい良い方法はないかWebを探してこの方法を見つけました．

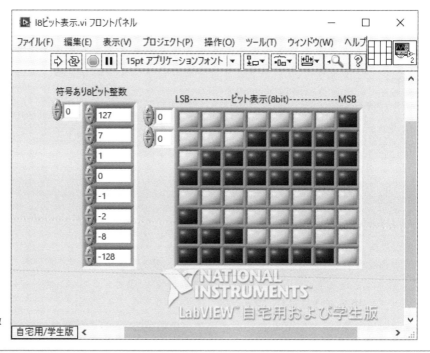

図7-A　8ビット整数（I8）のビット表示

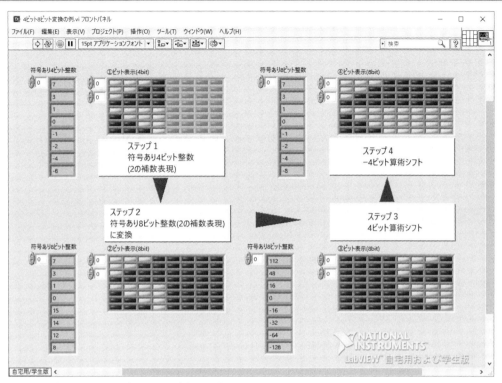

図7-B　4ビットの2の補数データをI8に変換する手順

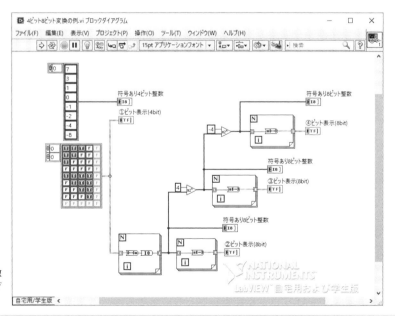

図7-C　4ビットの2の補数
データをI8に変換するブ
ロックダイアグラム

8-2 プログラムの使いかたとプログラムの詳細

　フロントパネル（図8-2）に設定パラメータはないので，測定する対象物にセンサを取り付けて実行ボタンを押すだけです．温度測定値が寒暖計を模した表示器に表示されます．同時にチャートに過去の履歴とともに表示されます．チャートに記録されているのは，はんだごての先の温度変化です．

　測定できる温度範囲が広く，反応も速いことがわかります．基準接点の温度はメータ表示器を使ってみました．数値表示器が各種用意されているので，測定対象や測定の目的に合う表示器を選んで改造してみてください．

●ダイアグラムの解説

　メインVIのダイアグラム（図8-3）は，タイミング・ループで200ms間隔で実行されます．

　まず，SPI通信のパラメータについて説明します．SPI通信の設定（図8-4）でSPIチャネルの設定，SPIの通信パラメータの設定，CSピンの設定について説明します．SPIチャネルは，Arduino UNOで

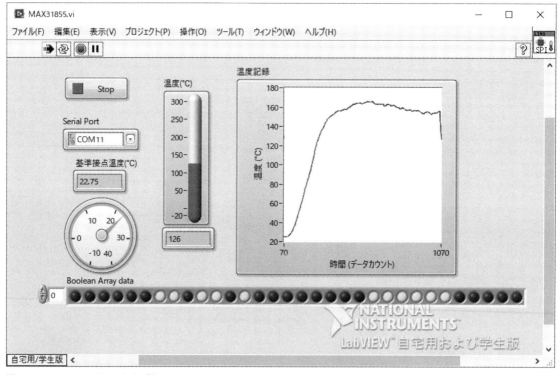

図8-2　MAX31855.viのフロントパネル

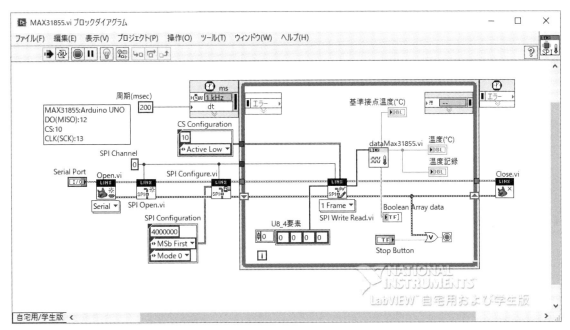

図8-3　MAX31855.viのブロックダイアグラム

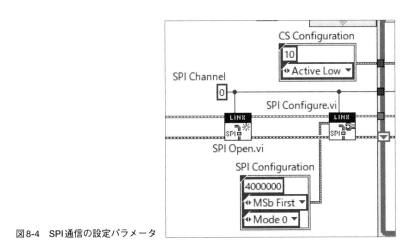

図8-4　SPI通信の設定パラメータ

は0チャネルを使います．SPI configure.viではクロック周波数，ビット順，モードをクラスタで設定します．

　クロックは，バス・マスタであるArduinoから出します．ここでは4MHzを使っていますが，MAX31855の仕様書には5MHzまで使えると書かれています．ビット順はMSb FirstあるいはLSb Firstを選択し

ます．MSb（Most-Significant bit）は2進数で表現したときの最上位ビット，LSb（Least-Significant bit）は最下位ビットのことです．MAX31855の仕様書（英語版）には，D31（最上位ビット）から送り出すと書かれていますので，MSb Firstということになります．参考までに，仕様書からタイミング・チャートを抜粋して**図8-5**に示します．

　SPIモードは，Mode 0からMode 3まであります．Mode番号とクロック極性クロック位相の関係を**表8-2**で示します．MAX31855ではCSKは待機がLowでパルスがHighです．SCKの立ち下がり（先頭

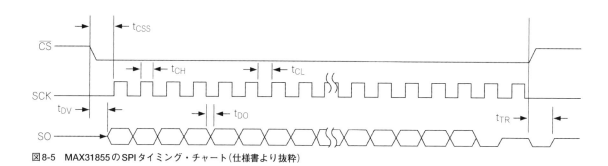

図8-5　MAX31855のSPIタイミング・チャート（仕様書より抜粋）

表8-2　SPIモードの説明

SPIモード	クロック極性	クロック位相
Mode 0	待機がLow/パルスがHigh	待機→パルスでデータ取り込み
Mode 1	待機がLow/パルスがHigh	パルス→待機でデータ取り込み
Mode 2	待機がHigh/パルスがLow	待機→パルスでデータ取り込み
Mode 3	待機がHigh/パルスがLow	パルス→待機でデータ取り込み

 機能アップとラズベリー・パイで使うためのヒント

　実用的に使いこなすためには，ファイルへの保存は必要です．第5章のサンプルを参考に機能を追加してください．第4章の循環バッファを使用した波形表示を実装すると，表示の自由度が向上すると思います．

　温度測定では，多くの測定点を同時に測定したい場合が多いと思います．すべてのモジュールでSCKとSOを共通に接続し，モジュールごとにCSを割り当てれば多チャネルでの測定も可能なはずです．チャレンジしてみてください．

　SPI通信の例として，第14章のウェーブ・ジェネレータ（AD9833モジュール）があるので参考にしてください．

　このモジュールは3.3Vでも利用可能なので，ラズベリー・パイでもプロジェクト・ファイルを作成し，LINXのOpen.viをLocal I/Oに変更すればそのまま使えます．

ビットの場合はCSの立ち下がり）を基準にSOにデータを書くと書かれていて，SCKの待機からパルスに変化するタイミングで読み取りますので"Mode 0"ということになります．

実際のSCKとSOの波形をオシロスコープで見たものが**図8-6**です．上下を少しオーバーラップさせ

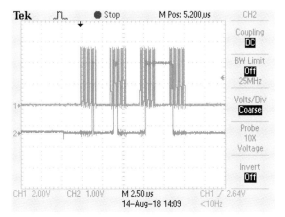

図8-6　SCK（上）とSO（下）の波形全体（32ビット）

図8-7　SCK（上）とSO（下）の波形詳細

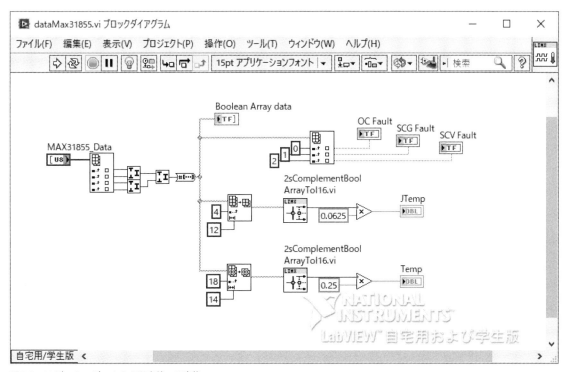

図8-8　32ビット・データから温度値への変換

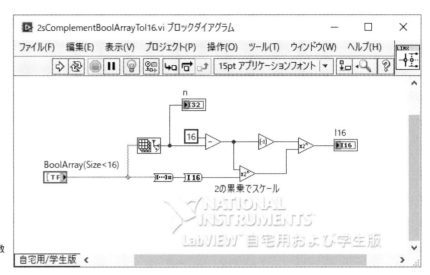

図8-9　16ビット以下の2の補数
データを16ビット整数に変換

ていますが，上の波形がSCKで下の波形がSOです．SCKは8個のパルスを4回送っているようすが見えます．先頭の8ビットを詳しく見ると，SOの信号をSCKの立ち上がりで受け取るとちょうどよいことがわかります（**図8-7**）．

　CSピンの設定はピン番号とLowの時に動作する"Active Low"とします．

　メインVIのダイアグラム（**図8-3**）に戻り，SPI Write Read.viに着目すると4要素のU8配列が入力として接続されています．SPI通信は同じクロックで送信受信が同時に行われるしくみのため，実際にはデータは受け取れないのですが，U8データを4個送るとU8データを4個受け取ることができます．

　受け取った4個のU8データを処理するdataMax31855.viのダイアグラムは**図8-8**です．

　ここでは数値変換関数を使って4個のU8データをU32に変換してから**図8-2**で説明した温度測定データ，基準接点温度などのブロックに分割しています．温度測定データ（14ビット）や基準接点温度（12ビット）は，負の値も含むため数値は2の補数形式で表現されています．LabVIEWの符号付き整数も2の補数形式を使っていますが，ビット数が異なる場合には注意が必要です．コラム8で2の補数形式を説明しました．

　温度測定データは14ビット，基準接点温度は12ビットなのでサブVIの2sComplementBoolArrayToI16.viでI16に変換します（**図8-9**）．

第9章

I²C接続のBME280で湿度/温度/気圧を測る

▶ 本章のポイント ◀

☐ BME280のレジスタの使いかた（仕様書必読）
☐ タイプ定義は便利
☐ データ変換はわかりやすく
☐ フォーミュラ・ノードは込み入った計算のときにわかりやすい
キーワード：フォーミュラ・ノード，レジスタ

　MEMS技術を使った環境センサを使ってみましょう．Arduinoではライブラリを使うと簡単に使える定番のセンサです．

　ここで紹介するVIは，たくさんのレジスタにアクセスして，その後のデータ処理も込み入っている例ですが，ライブラリを使わずにすべてLabVIEWでプログラムを書くのは大変だ，と感じてもらえると思います．

　もしも，この例のようにデータ処理が面倒で，Arduinoならばライブラリが手に入るようなモジュールを使う場合は，ライブラリのサンプル・プログラムを少し改造してシリアル通信で測定データを送り，LabVIEWで受信プログラムを書いたほうが良いかもしれません．

9-1 I²C対応のセンサを使ったArduinoによる環境測定

BME280は，湿度，温度，気圧を同時に測定できるセンサです．I²C（SPIも可）接続のコンパクトなセンサで，湿度が±3%，温度は±1℃，気圧は±1%と十分な精度です（**写真9-1**）．

3.3V系なので，Arduino UNOで使う場合はI²C電圧レベル変換モジュールが必要になります．Arduino UNOとBME280を，I²C電圧レベル変換モジュールを使って配線します（**図9-1**）．

●BME280のレジスタ設定

BME280には，スリープ・モード，強制モード，通常モードという3つの動作モードがあります．スリープ・モードは測定を行いません．強制モードは，1回測定を行ってスリープ・モードになります．

写真9-1 I²C接続のBME280温度/湿度/気圧センサ

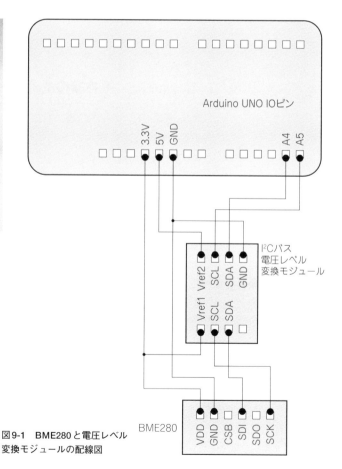

図9-1 BME280と電圧レベル
変換モジュールの配線図

通常モードは，指定する休止時間で測定と休止を繰り返します．

温度，湿度，気圧それぞれに1測定におけるサンプリング回数を設定できます．特に気圧は，部屋のドアの開閉や風の影響を受けやすいためIIRフィルタを内蔵しています．設定用のレジスタ・アドレス（0xF2，0xF4，0xF5）のパラメータを，**表9-1（a）**〜**表9-1（h）**に示します．

今回のプログラムでは，温度，湿度，気圧のすべてを1回測定で通常モード，休止時間が500msでIIRフィルタなしで動作させることとしました．**表9-1（a）**〜**表9-1（h）**に従って，書き込む値は0xF2に0b00000001，0xF4に0b00100111，0xF5に0b10000000となりました．データ・シートには測定時間の目安を計算する式があるので計算してみると，8msになったので，508ms間隔で測定を行う設定です．

表9-1　BME280のレジスタ設定

アドレス	b7	b6	b5	b4	b3	b2	b1	b0
0xF2	0	0	0	0	0	osrs_h[2:0]		
0xF4	osrs_t[2:0]			osrs_p[2:0]			mode[1:0]	
0xF5	t_sb[2:0]			filter[2:0]			0	spi3w

（a）

osrs_h[2:0]	湿度のオーバー・サンプリング
000	スキップ
001	オーバー・サンプリング×1
010	オーバー・サンプリング×2
011	オーバー・サンプリング×4
100	オーバー・サンプリング×8
その他	オーバー・サンプリング×16

（b）

osrs_t[2:0]	温度のオーバー・サンプリング
000	スキップ
001	オーバー・サンプリング×1
010	オーバー・サンプリング×2
011	オーバー・サンプリング×4
100	オーバー・サンプリング×8
その他	オーバー・サンプリング×16

（c）

osrs_p[2:0]	温度のオーバー・サンプリング
000	スキップ
001	オーバー・サンプリング×1
010	オーバー・サンプリング×2
011	オーバー・サンプリング×4
100	オーバー・サンプリング×8
その他	オーバー・サンプリング×16

（d）

mode[1:0]	SPIインターフェース
00	スリープ・モード
01，10	強制モード
11	通常モード

（e）

t_sb[2:0]	通常モードの休止時間(ms)
000	0.5
001	62.5
010	125
011	250
100	500
101	1000
110	10
111	20

（f）

filter[2:0]	IIRフィルタの時定数
000	フィルタ・オフ
001	2
010	4
011	8
その他	16

（g）

spi3w	SPIインターフェース
0	4線式SPI
1	3線式SPI

（h）

他の設定例として，気圧を2回測定，休止時間250ms，IIRフィルタ4に変更すると，0xF2に0b00000001，0xF4に0b00101011，0xF5に0b01101000を書き込みます．1回の測定時間は10msになり，260ms間隔で測定を行います．

データ・シートには，IIRフィルタの効き方の目安として階段状の変化があったときに75%に達する時間の計算方法が書かれていたので，計算してみると1.3秒であることがわかりました．

●レジスタから補償係数の読み出しと生データの読み出し

レジスタには，BME280の製造過程でトリミングを行ったパラメータが記録されています．そのパラメータを使って，生データから測定値に変換します．18個のパラメータは表9-2にまとめました．少し込み入っているので，ブロックダイアグラムの解説の中で見ていきます．

最新データは，表9-3のようにレジスタに書き込まれます．ユーザが読み取っている間は更新されないようなメカニズムになっています．

表9-2　BME280の補正値

補償パラメータ	データ型	アドレス(1)	アドレス(2)
dig_T1	U16	0x89→[15:8]	0x88→[7:0]
dig_T2	I16	0x8B→[15:8]	0x8A→[7:0]
dig_T3	I16	0x8D→[15:8]	0x8C→[7:0]
dig_P1	U16	0x8F→[15:8]	0x8E→[7:0]
dig_P2	I16	0x91→[15:8]	0x90→[7:0]
dig_P3	I16	0x93→[15:8]	0x92→[7:0]
dig_P4	I16	0x95→[15:8]	0x94→[7:0]
dig_P5	I16	0x97→[15:8]	0x96→[7:0]
dig_P6	I16	0x99→[15:8]	0x98→[7:0]
dig_P7	I16	0x9B→[15:8]	0x9A→[7:0]
dig_P8	I16	0x9D→[15:8]	0x9C→[7:0]
dig_P9	I16	0x9F→[15:8]	0x9E→[7:0]
dig_H1	U8	0xA1→[7:0]	–
dig_H2	I16	0xE2→[15:8]	0xE1→[7:0]
dig_H3	U8	0xE3→[7:0]	
dig_H4	I16	0xE4→[11:4]	0xE5[3:0]→[3:0]
dig_H5	I16	0xE6→[11:4]	0xE5[7:4]→[3:0]
dig_H6	I8	0xE7→[7:0]	–

表9-3　BME280の測定値

アドレス	データ
0xF7	気圧[19:12]
0xF8	気圧[11:4]
0xF9	気圧[3:0], [0, 0, 0, 0]
0xFA	温度[19:12]
0xFB	温度[11:4]
0xFC	温度[3:0], [0, 0, 0, 0]
0xFD	湿度[15:8]
0xFE	湿度[7:0]

9-2　プログラムの使いかたとプログラムの詳細

シリアル・ポートを選択して実行ボタンを押すと，温度，湿度，気圧が1秒間隔で表示されます（図9-2）．

通信が不安定な場合は，「特定のエラーはクリアされた？」表示器が点灯します．

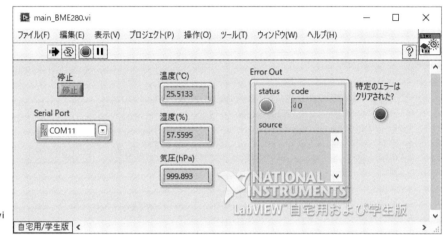

図9-2　main_BME280.vi
のフロントパネル

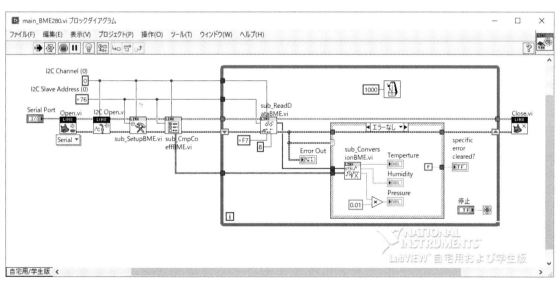

図9-3　main_BME280.viのブロックダイアグラム

●ブロックダイアグラムの解説

図9-3が，メインのブロックダイアグラムです．LINXをオープンして，BME280の設定と補償係数の読み出しを行った後で，生データの取り込みと測定値への変換を1秒間隔で行います．

生データの取り込みでエラー・コード5001のエラーが発生した場合は，エラーをクリアして測定を継続します（図9-4）．終了ボタンが押されるとループが終了し，LINXをクローズしてプログラムが停止します．

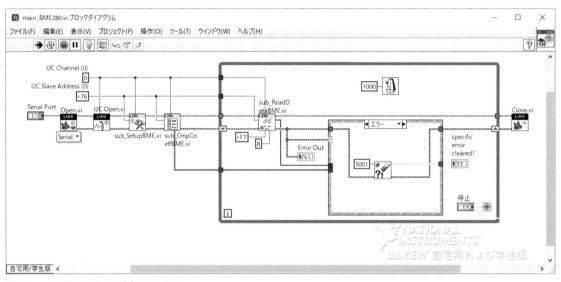

図9-4　main_BME280.viの特定エラー処理

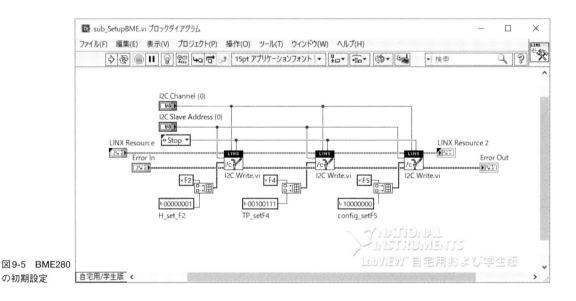

図9-5　BME280
の初期設定

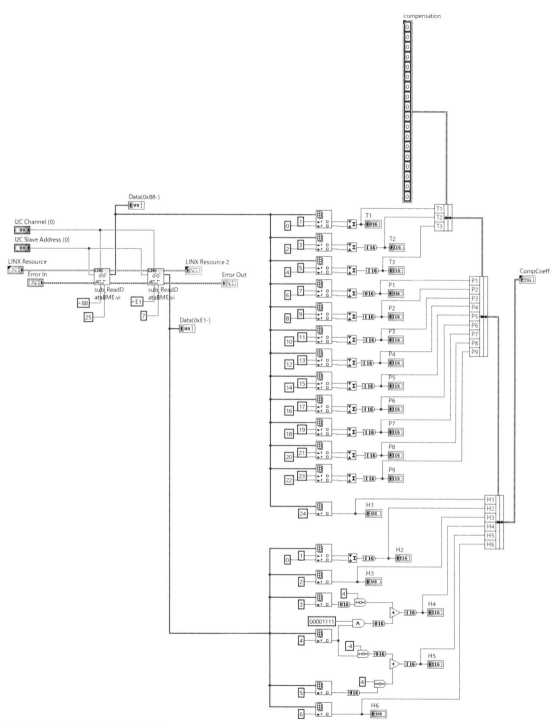

図9-6　BME280の補正値データの変換

図9-5がBME280の設定です．アプリケーションに応じて，スリープ・モードの利用やオーバー・サンプリングの回数，IIRフィルタの設定を行います．LINXのI2C write.viで書き込むレジスタのアドレスと書き込む値を配列にして接続しています．

　図9-6は，レジスタから合計32バイトのデータを読み込んで補償係数に変換しています．ブロックダイアグラムは画面に収まるように書くのがバグを減らすコツなのですが，何ともならないときには横スクロールか縦スクロールのどちらかで何とかしましょう．今回は縦スクロールだけでがんばりました．

　補償係数が多いので，クラスタにまとめてcompensation.ctlという名前でタイプ定義しました．タイ

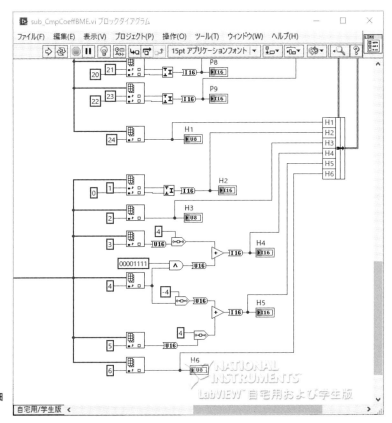

図9-7　補正係数変換処理の詳細
（H4とH5の例）

 機能アップとラズベリー・パイで使うためのヒント

　sub_SetupBME.viの定数を変更することで測定パラメータを変更することができます．目的に合わせてカスタマイズしてみてください．サブVIはラズベリー・パイでも動作するのでチャレンジしてみてください．

プ定義で保存しておくと修正したときに一括で変更されるので便利です.

　読み込んだ8ビット・データから16ビット長の係数に変換する過程では,データ操作パレットの数値結合関数やビットシフト関数,変換パレットのワード整数に変換などの各種数値型の変換関数が役に立ちます.

　例えば,**図9-7**で得られる係数H4は,**表9-2**で指定されているようにU8の1次元配列の指標4の要素の下位4ビットを0-3ビットに,指標3の要素の8ビットを4-11ビットにした12ビット・データをI16に

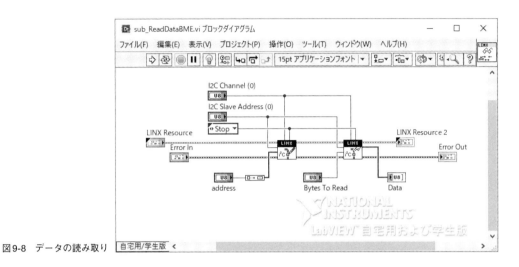

図9-8　データの読み取り

図9-9　フォーミュラ・ノードを使った補正処理

コラム8　クラスタや列挙体はタイプ定義しておこう

　複数のタイプをひとまとめで扱えるクラスタは，サブVIにワイヤリングするときに便利な制御器です．例えば，数値制御器の「温度」と「晴れ，曇り，雨」などを列挙体で選択してその日の天気を表現するときに使います（**図8-A**）．

　プログラムを書いている間に気が変わる予感がなくとも，「雪の日もあるね」とか，「湿度も測れるので追加しよう」とか，変更はつきものです．プログラムの中心的なクラスタの場合は，5個とか10個とかワイヤでつながっているので，変更のたびに制御器を入れ替えるのは大変です（**図8-B**）．

　クラスタや列挙体を使おうと考えたときに，すぐにタイプ定義にしておくと，使っている場所が5か所でも10か所でもタイプ定義を変更するだけで更新されるのでとても便利です．

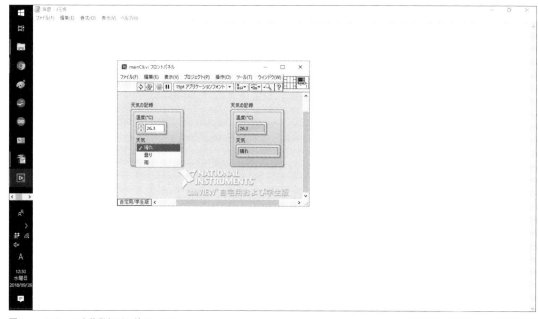

図8-A　クラスタを複数個所で使用したVI

して出力します．

　0b00001111とのANDで下位4ビットのU16を作り，U8をU16に変換してから4ビット左シフトして，0-3ビットが0で4-11ビットが元のU8の値になるU16を作り，加算してからI16に変換しました．

　生データの取り込みは，**図9-8**に示しました．連続するレジスタからの取り込みは，バースト・リード（Burst Read）と呼ばれて他のI^2Cデバイスでもよく使われます．先頭アドレスを指定して，連続する

タイプ定義したい制御器を選択し，編集メニューから[制御器をカスタマイズ(E)…]で制御器の
パネルが開いたら，[制御器タイプを選択するタブでタイプ定義]を選択して，名前を付けて保存し
ます(図8-C)．

図8-B
クラスタを変更するとVIは動作しなくなる

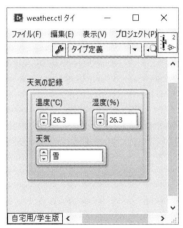

図8-C
タイプ定義したクラスタ

個数を指定することで一気に必要なデータを得ることができます．
　図9-9は，生データと補償係数から温度，湿度，気圧の測定値に変換しています．補償係数をクラス
タにまとめたおかげで配線はシンプルです．ここには転載しませんが，BME280のデータシートに記載
された変換式を，ほぼそのままフォーミュラ・ノードにコピー&ペーストしました．変数名をデータ
シートと共通にしてあるのでわかりやすいと思います．

第10章

I²C接続の8×8画素ミニサーモグラフィの製作

▶ **本章のポイント** ◀

☐ デシメート1D配列の配列操作関数を使いこなす

☐ 強度グラフは2次元データの可視化に有効

☐ 2次元補間の例

☐ 疑似カラー表示は2次元データを効果的に表現できる

☐ NI Vision Acquisition SoftwareのImage表示器を活用する

キーワード：サーモグラフィ，強度グラフ，2D配列転置

　赤外線温度センサは非接触で反応が速いので便利に使えます．8×8画素のデータをスムージング処理したときの便利さを紹介します．

　無料で提供されているNI Vision Acquisition Softwareの機能を紹介します．

10-1 赤外線温度センサAMG8833を使ったミニサーモグラフィを作る

発熱者のチェックや熱中症の予防に，サーモグラフィが使われている例を目にすることが多くなりました．サーモグラフィは，非接触で温度分布がわかり応答速度が速いのが利点です．本章では，パナソニックの8×8画素の赤外線温度センサAMG8833を搭載したモジュールを使ってミニサーモグラフィを作ります（**写真10-1**）．

センサの視野角（半値角）は縦横方向ともに60°で，準広角的な使いかたができます．3.3V系のI²Cなので，電圧レベル変換モジュールを使ってArduinoと接続します．電圧レベル変換モジュールで，Arduino UNOの5V信号とAMG8833の3.3V信号の橋渡しをしてもらい**図10-1**のように配線します．

信号処理に関するLabVIEWのパワーを確認していただくために，バイキュービック・スプラインでの2次元補間を試みました．また，サーモグラフィの画像でよく使われる疑似カラー表示とAVI形式で

写真10-1 I²C接続の8×8画素のミニサーモグラフィ

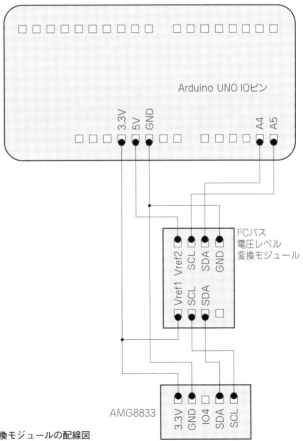

図10-1 AMG8833と電圧レベル変換モジュールの配線図

の動画ファイルを作成するプログラムも説明します.

なお,動画ファイルを作成するためにVision Acquisition Software 2014(ライセンス不要)が必要なので,コラム10でインストール方法を説明します.

●レジスタの設定

初期設定で,ノーマル・モード,イニシャル・リセット,撮影速度(10FPS)を設定します(**表10-1**). 64画素のセンサは,**図10-2**に示したように配置されています.温度レジスタは,**表10-2**のように0x80から0xFFまで各画素2バイトずつ並びます.データは12ビットの2の補数形式で,0.25℃をかけて温度に変換します.

表10-1　レジスタでの初期設定

コマンド	b7	b6	b5	b4	b3	b2	b1	b0	待ち時間[msec]
Clear Display	0	0	0	0	0	0	0	1	20
Return Home	0	0	0	0	0	0	1	0	2
Display ON	0	0	0	0	1	1	0	0	2
Clear Display	0	0	0	0	0	0	0	1	20

0x00に続けてコマンドを書き込む
Display ONではb1＝0(カーソルOFF),b0＝0(ブリンクOFF)とする

表10-2　温度レジスタと温度データ

アドレス	b7	b6	b5	b4	b3	b2	b1	b0	
0x80	T7	T6	T5	T4	T3	T2	T1	T0	01(左下)画素
0x81	0	0	0	0	±	T10	T9	T8	

$\wr$

アドレス	b7	b6	b5	b4	b3	b2	b1	b0	
0xFE	T7	T6	T5	T4	T3	T2	T1	T0	64(右下)画素
0xFF	0	0	0	0	±	T10	T9	T8	

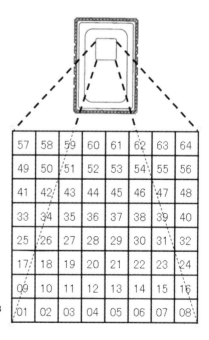

図10-2　画素配置(AMG8833
仕様書から抜粋)

10-2 ミニサーモグラフィ・プログラム

　ミニサーモグラフィ・プログラムの操作方法は，まずGridEye.viを開きます．シリアル・ポートを選択して，実行ボタンを押します．**図10-3**のように，8×8画素の表示と10倍補間した80×80画素の強度グラフで温度が表示されます．センサの前で手のひらを広げたときのスクリーン・ショットですが，なんとなく指が5本見えると思います．

●ブロックダイアグラムの説明

　図10-4がブロックダイアグラムですが，200ms間隔で動作しています．初期設定のレジスタへの書き込みは，sub_SetupGE.viで行っています（**図10-5**）．温度データの読み取りは，sub_ReadGE.viで行っています（**図10-6**）．

　8画素分の16個のU8データを8回読み取って，2次元配列で出力しています．初期値を0x80としたシフトレジスタを使って，I²Cで読み取る先頭アドレスをループごとに更新していることを確認してください．

　sub_convertGE.viでは，16個のU8データは温度データの下位バイト，上位バイトが交互に並んでいるので，デシメート1D配列で下位バイトと上位バイトを分離します（**図10-7**）．下位バイトだけの1次元配列，上位バイトだけの1次元配列にして，上位バイトと下位バイトを結合します．次に，Forループに入れて温度データとなる12ビットを取り出し，2sComplementBoolArrayToI16.viを使ってI16に変

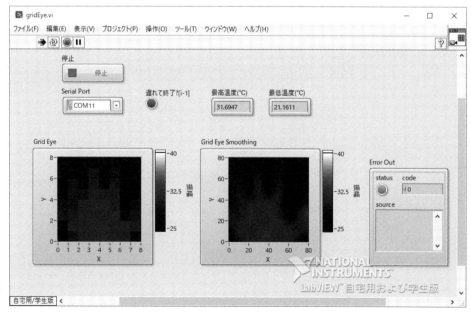

図10-3　GridEye.vi
のフロントパネル

換します.

2sComplementBoolArrayToI16.viは,第8章の説明をご覧ください.温度に変換する係数をかけたあとで,強度グラフとセンサの上下左右が一致するように2D配列転置をとおして,8×8の温度データの配列にして出力します.sub_2dInterpolation.viを使ってスムージングを行います(**図10-8**).いろいろなスムージングの方法があると思いますが,一例として見てください.

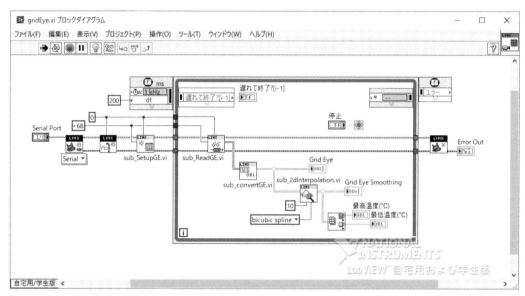

図10-4　GridEye.viのブロックダイアグラム

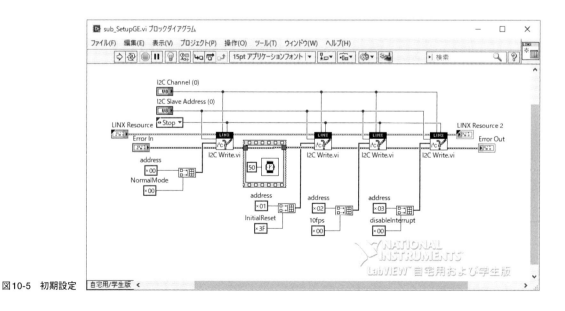

図10-5　初期設定

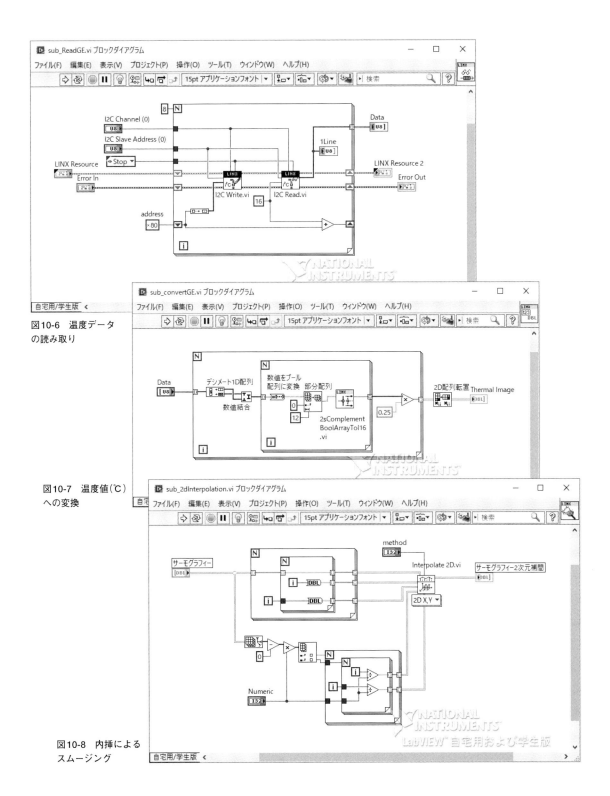

図10-6　温度データ
の読み取り

図10-7　温度値（℃）
への変換

図10-8　内挿による
スムージング

コラム9　イメージ表示器（Image Display）とNI-IMAQ関数を使おう

　LabVIEWで2次元データを画像として表示する方法として手軽なのは，強度グラフです．2Dピクチャも標準でインストールされているので，画像ファイルを表示することもできます．

　もう一つの選択肢としてお勧めするのが，Vision関数です．画像ファイルを読み込んで，画像データを配列に変換して，LabVIEWで処理して画像ファイルに保存することができます．動画用に，AVIファイル関連の関数もあるので便利です．

●NI Vision Acquisition Software 2014のインストール

　Vision Acquisition Software 2014は，以下のURLからダウンロードしました．サイトの更新などにより見つからない場合は，「NI Vision Acquisition Software August 2014 f1」で検索してください．

　　http://www.ni.com/download/ni-vision-acquisition-software-august-2014-f1/4974/en/

　インストールを行うときの注意として，**図9-A**のようにNI-IMAQdx 14.0とNI-IMAQ i/O 14.0はインストールしなくてもかまいません．NI-IMAQdx 14.0は，USBカメラなども苦労なく使える便利なドライバですが，ライセンスが必要なので用途に応じてインストールをするかどうかを検討してください（**図9-B**）．

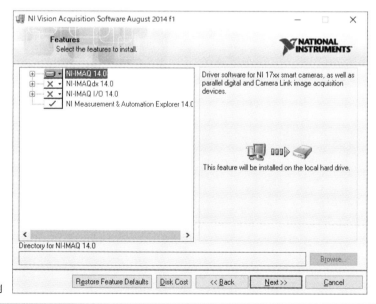

図9-A　インストール設定の例

インストールに成功すればイメージ表示器が使えるようになり，**図9-C**のようにビジョン関数パレットにNI-IMAQ関数が表示されます．

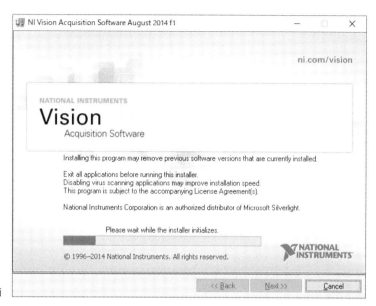

図9-B　インストール画面

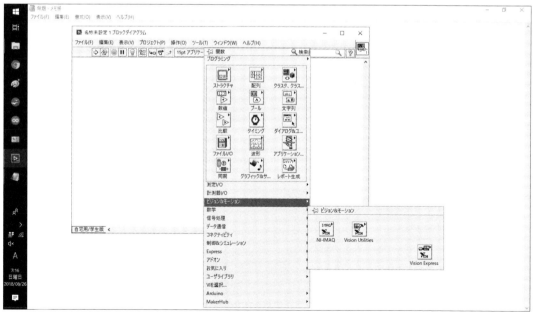

図9-C　ビジョン＆モーション関数パレット

10-3　疑似カラー表示と動画(AVI形式)保存プログラム

このプログラムを使用するときはライセンス不要のNI Vision Acquisition Software が必要になるので，コラム10に従ってインストールしてください．

gridEye_Movie.viを開いてシリアル・ポートを選択し，［実行ボタン］を押してください(**図10-9**)．

最大値，中央値，最小値で色を選択して，疑似カラーで表示することができます．注目すべきデータ領域をわかりやすく表示することができます．Image表示器は Vision関数で使える表示器です．

Grid Eye Smoothingという名前の強度グラフと同じ色で表示されていることに注目してください．

●ブロックダイアグラムの説明

図10-10のように，GridEye.viのダイアグラムの下部に機能を追加しています．疑似カラー表示は，

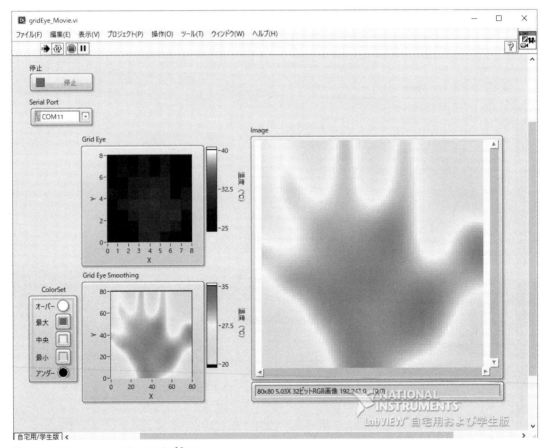

図10-9　gridEye_Movie.viのフロントパネル

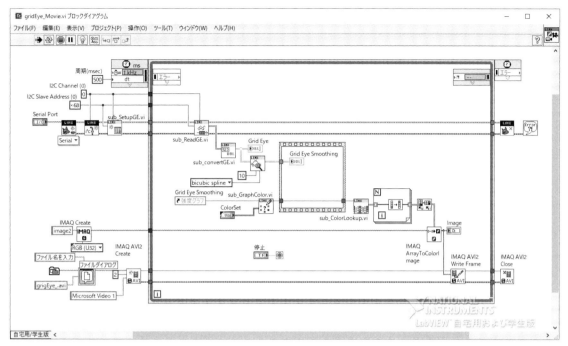

図10-10 gridEye_Movie.viのブロックダイアグラム

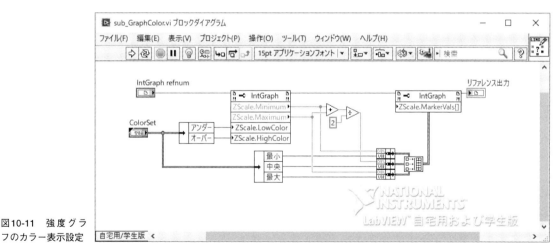

図10-11 強度グラフのカラー表示設定

sub_GraphColor.viで強度グラフのプロパティを制御しています. 具体的には, ZScale.MarkerVals[ ]にフロントパネルのColorSetで指定された色を指定することで, Zスケール内の温度値にRGB24ビット・カラーの中から254色の色を割り当てて, 疑似カラーを実現しています(**図10-11**). オーバー, アンダーにも独自の色が割り当てられるので全体で256色となります.

機能アップとラズベリー・パイで使うためのヒント

　強度グラフの疑似カラー表示は，2次元配列データをわかりやすく表示するときに有効なので活用してください．イメージ表示器には豊富なROIツールが用意されているので，2次元配列データをインタラクティブに活用したいときに有効です．ラズベリー・パイでは，スタンドアロンで動作する点を生かした野生動物監視アプリケーションも開発できそうです．

　温度値と256色の対応関係がわかるので，Vision関数のImage表示器に同じ疑似カラーの画像を作成することができます．sub_ColorLookup.vi（**図10-12**）では，Grid Eye Smoothing強度グラフのプロパティから256色のカラー・テーブルとグラフで表示している2次元配列の温度値，上限値，下限値を調べて，256色だけを使った24ビット・カラー画像を作成しています．

　VisionパレットのImage表示器を使うときには，IMAQ Createでメモリを割り当ててImage型のワイヤを作っておきます．ImaqArrayToColorImage関数で2次元配列データを与えることで，Image表示器に表示しています．同時に，そのImageデータをIMAQ AVI2 Write FrameAVI関数に渡すことで，AVIファイルを作成しています．

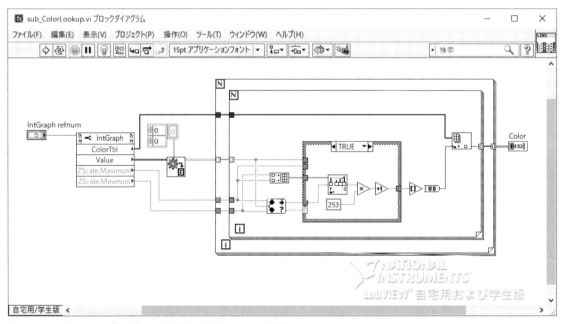

図10-12　カラー・テーブルを使った温度値からU32カラーへの変換

第11章

Arduino MEGA2560と GPS受信モジュールとの 通信

▶▶ **本章のポイント** ◀◀

□ 文字列パレットの便利な関数を使います
□ 生産者・消費者デザインパターンで受信とデータ処理を分離する
□ 指定タイプ定義はクラスタを使うときに便利
キーワード：GPS，NMEAフォーマット，パターンで一致，
スプレッドシート文字列を配列に変換，
タイムスタンプ，文字列からスキャン，
タイプ定義

　シリアル通信でGPS受信モジュールから文字列データを受け取ります．PCのCOMポートにUSB-シリアル変換モジュールを使えばArduinoを使わなくとも，LabVIEWで同じような受信プログラムを書くことができます．ここではArduinoに何らかのセンサ・モジュールや入出力モジュールが接続されていて，GPSの位置データや時刻を同時に必要としている状況だと考えて，特に文字列処理について紹介したいと思います．

　データの受信とその後のデータ処理を分離して，安定した受信が行えるように生産者・消費者デザインパターンを使用しましたので，それについても紹介します．

11-1 UART対応のGPS受信モジュールをArduinoに接続

　屋外で移動しながらデータを収録する場合に，GPSから得られる位置情報を紐付けすることができれば便利です．GPS受信モジュールは衛星の電波を受信して，各種の位置情報を取得し，整理された情報を文字列にしてUART（Universal Asynchronous Receiver/Transmitter）通信で出力します．

　シリアル入出力と呼ばれることのほうが多いと思いますが，Arduinoやラズベリー・パイにはCPUに内蔵されたUART通信用の端子があります．Arduino UNOにもシリアル入出力が1本ありますが，COMポートとしてパソコンとの通信に使われているため，GPS受信モジュールとの通信に使用することはできません．

　LINXがサポートしているArduino MEGA2560は，少し大きな基板でI/O端子が多く，シリアル通信が3本もあります．本章では，Arduino MEGA2560の互換機を使用して，GPS受信モジュールと通信することにしました（写真11-1）．

　このプログラムは，ほぼすべて文字列処理ですが，LabVIEWには必要十分な関数がそろっているので，この機会に文字列の処理にチャレンジしてみましょう．

●GPS受信モジュールとの配線
　Arduino MEGA2560はUNOと同じく5V系ですが，GPS受信モジュールは電源が5VでI/Oは3.3Vで

写真11-1　UART通信を使ったGPS受信モジュールからのデータ受信

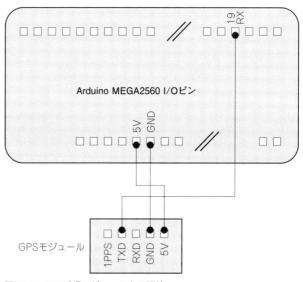

図11-1　GPS受信モジュールとの配線

す．GPS受信モジュールの出力（TXD）は0〜3.3Vですが，Arduino MEGA2560は信号のHigh/Lowを認識できるので，シリアル1の入力端子（ピン19：RX1）に直接接続します（**図11-1**）．まちがえて出力端子（ピン18：TX1）に接続するとモジュールを破損する恐れがあるので注意してください．

GPS受信モジュールの入力（RXD）には配線しません．モジュールの初期設定を変更する必要がある場合は，取扱説明書に従ってシリアル-USB変換モジュールなどを利用して，パソコンにUSB接続してGPS GUIツールで再設定します．

11-2　GPS受信プログラム

シリアル・ポートを選択して実行ボタンを押すと，「受信文字列」表示器にはGPS受信モジュールから送られてきた文字列が表示されます（**図11-2**）．数分から10数分して4個以上の衛星からの電波が認識できると，モジュールのLEDが1秒ごとに点滅します．室内では，衛星からの電波が届きにくいため，室内では，窓際に移動する必要があるかもしれません．画面中央の［GPS Data］クラスタには，時刻や緯度，経度などの最新データが表示されます．右端の［GPS Data Array］には，1秒ごとのデータが蓄積されます．

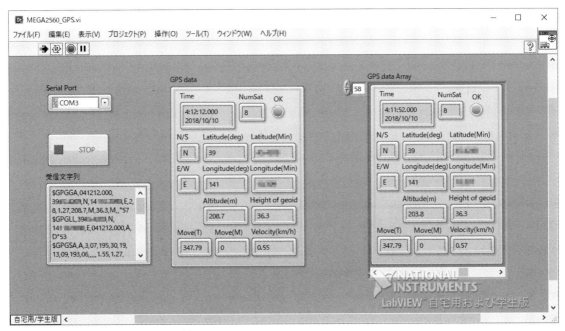

図11-2　MEGA2560_GPS.viのフロントパネル

機能アップとラズベリー・パイで使うためのヒント

　カスタマイズする場合は，**図11-3**下のWhileループのクラスタから「名前でバンドル解除」を使って，必要な数値を取り出して使用してください．

　Arduino MEGA2560の他のI/Oを同時に使う場合は，LINXのOpen.viから出力されるLINX resorceワイヤを分岐せずに，直列に接続してください．Arduinoは，シリアルで接続されたリモートI/Oとして，遂次コマンドを受け取りデータを返すシングルタスクで動作しているためです．

●ブロックダイアグラムの解説

　図11-3のブロックダイアグラムは，生産者・消費者デザインパターンで作成しました（コラム11参照）．

　図11-3上のWhile ループでは，GPS受信モジュールから1秒間に1回送られてくるNMEA（the National Marine Electronics Association）フォーマットと呼ばれる文字列を受け取ります．NMEAフォーマットはソナー，風速計，GPSなど海上電子装置のデータ転送用に作られた通信プロトコルで，$に続く5文字の後に定められた形式のデータ文字列がコンマ区切りで連なります．ここでは$GPGGA，$GPRMC，$GPVTGという3つの文字列からデータを取り出します．受信バッファをチェックして文字が入っていれば，すべて取り出してシフトレジスタの文字列に連結します．「パターンで一致」関数を

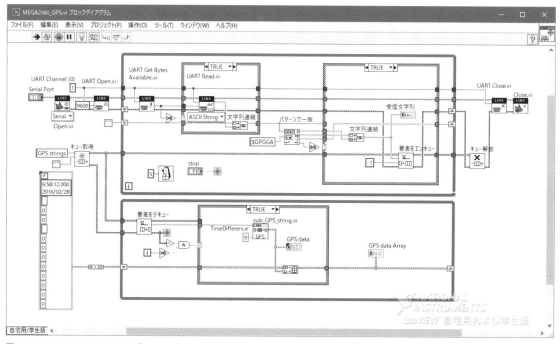

図11-3　MEGA2560_GPS.viのブロックダイアグラム

使って，文字列の中の$GPGGAが含まれていれば，切り出してキューに入れます．

図11-3下のWhileループでは，キューに文字列があればsub_GPS_string.viで受け取って，GPS Dataクラスタに緯度・経度などのデータを書き出します．シフトレジスタに接続されたGPS Data Arrayに要素を追加します．

NMEAフォーマットからの文字列処理について説明します（図11-4）．$GPGGA，$GPRMC，$GPVTGという3つの文字列を目印にして書式に従ってデータを取り出します．表11-1，表11-2，表11-3に，数値の例と意味をまとめました．

時刻は世界標準時なので，9時間を秒に変換後，加算して時差を整えます．文字列からスキャン関数を使って，タイムスタンプ形式にしました．カンマ区切りなので，スプレッドシート文字列を配列に変換関数を使って，データを切り出しています．緯度，経度は，特殊な書き方で，2, 3桁の整数の「度」［（d）dd］と小数で表した「分」［mm.mmmm］がつなげられた（d）ddmm.mmmmの形式です．100で割った商と余りで分離します．

レイアウトが崩れないように，指定タイプ定義で保存したクラスタGPS_DataS.ctlに，切り出したデータを名前でバンドル関数を使って入れ込んでいきます．

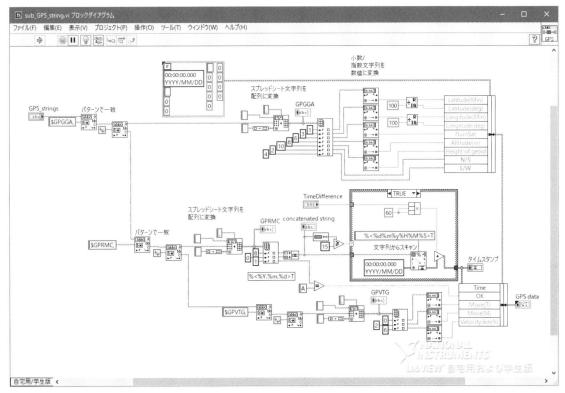

図11-4　文字列からのデータ変換

表11-1 $GPGGAセンテンスの書式

区切り番号	データ	データの意味
\$GPGGA,093002.000,3912.1954,N,14130.5396,E,1,5,1.44,222.9,M,36.3,M,,*52		
1	093002.000	時刻（UTC）
2	3912.1954	緯度
3	N	N：北緯あるいはS：南緯
4	14130.5396	経度
5	E	E：東経あるいはW：西経
6	1	GPS品質 0：確定値ではない/1：確定値/2：差分GPS確定値
7	5	視野中の衛星数00-12
8	1.44	水平精度低下率
9	222.9	アンテナ高度（ジオイド）
10	M	項目9の単位
11	36.3	WGS84楕円体とジオイドの差
12	M	項目11の単位
13	空白	Age of differential GPS data, time in seconds since last SC104
14	空白	Differential reference station ID, 0000-1023
15	52	チェックサム

表11-2 $GPRMCセンテンスの書式

区切り番号	データ	データの意味
\$GPRMC,093002.000,A,3912.1954,N,14130.5396,E,0.18,196.55,290818,,,A*64		
1	093002.000	時刻（UTC）
2	A	Status, V = Navigation receiver warning
3	3912.1954	緯度
4	N	N：北緯あるいはS：南緯
5	14130.5396	経度
6	E	E：東経あるいはW：西経
7	0.18	Speed over ground, knots
8	196.55	Track made good, degrees true
9	290818	日付ddmmyy
10	空白	Magnetic Variation, degrees
11	空白	EあるいはW
12	64	チェックサム

表11-3 $GPVTGセンテンスの書式

区切り番号	データ	データの意味
\$GPVTG,196.55,T,,M,0.18,N,0.34,K,A*3D		
1	196.55	Track Degrees
2	T	T = True
3	空白	Track Degrees
4	M	M = Magnetic
5	0.18	速度（ノット）
6	N	N = Knots
7	0.34	速度（km/H）
8	K	K = Kilometres Per Hour
9	3D	チェックサム

第12章

ラズベリー・パイで LINXを使用するための 準備

▶ **本章のポイント** ◀

- □ ラズベリー・パイのOSをマイクロSDカードに作成する
- □ ラズベリー・パイの設定でSSHを有効にする
- □ ランタイム・エンジンをインストールする
- □ サンプル・プログラムを実行してみる

キーワード：Raspbian Jessie，Win32DiskImager，
　　　　　　SSH，LI NX Target Configuration，
　　　　　　LabVIEW Runtime 2014（英語版）

　第1章の**表1-2**でLINXで使うことができたラズベリー・パイはモデル2Bとモデル3Bであるとお知らせしました．モデルが限定される理由ですが，ラズベリー・パイのOSが特定の時期のバージョン以外ではLabVIEWのランタイム・エンジンのインストールが失敗するからです．研究すればモデル3B+などで動く新しいOSでインストールを成功させる道があるのかもしれませんが，現時点では良い情報は得られていません．

　ラズベリー・パイ モデル3Bあるいはモデル2Bを用意してスタートしましょう．

12-1 ラズベリー・パイのターゲット設定(Target Configuration)

　本章では，ラズベリー・パイの設定を行います(**写真12-1**)．ラズベリー・パイの設定では，一般的にコマンドラインを使う場合が多いのですが，本書ではできるだけ使わないようにしました．

　LINXは，商用のLabVIEWリアルタイム・システムと同等レベルの動作検証が行われているわけではありませんし，ラズベリー・パイのOSの開発スピードと歩調を合わせているわけでもありません．そのため，LINXの開発が行われた当時のラズベリー・パイのOSが一番検証されていると考えられます．したがって，これまでラズベリー・パイを使ってきたエキスパートもラズベリー・パイのビギナーも，まっさらなマイクロSDカードからスタートしてください．一通りLabVIEW LINXが動作することを確認するまでは，タイムゾーンを含めてデフォルトの動作環境で使用してください．

写真12-1　ラズベリー・パイとディスプレイ，キーボード，マウス

これからの設定手順は，おおまかに書くと次の3ステップです．

（1）OSイメージをダウンロードしてマイクロSDカードに書き込む．
（2）ラズベリー・パイをネットワークに接続してSSH接続をONにする．
（3）LabVIEWのtoolメニューからMakerHub > LINX > Target Configuration... とたどり，ネットワーク経由でランタイム・エンジンをインストールする．ランタイム・エンジンはPC上のLabVIEWで作った実行ファイルをラズベリー・パイで実行するための一連のファイルのこと．

ラズベリー・パイのエキスパートは，LabVIEW＋LINXが使えることを確認したうえで便利で快適な環境の開発に取り組んでください．

一番重要なことですが，日本語版のLabVIEW 2014 Home版を使っている方は，アンインストールしたうえで英語版のLabVIEW 2014 Home版をインストールしてください．また，ラズベリー・パイにインストールされたランタイム・エンジンは，商用や研究での利用が許可されていません．詳しくは，MakerHubのLINXのFAQ「Can I use LINX in commercial applications?」を参照してください．

●ターゲット設定に必要なもの

ラズベリー・パイ以外に必要なものがあるので，**表12-1**にまとめました．筆者が使用した部品名も書きましたので参考としてご覧ください．

表12-1　ラズベリー・パイのターゲット設定に使用した部品・機材のリスト

部品・機材	部品・機材の説明	使用した部品・機材（価格は購入当時）
ラズベリー・パイ	ラズベリー・パイ 3 model B あるいは ラズベリー・パイ 2 model B	ラズベリー・パイ 3 model B（4,970円） Status，V＝Navigation receiver warning
ラズベリー・パイ用電源	ラズベリー・パイ 3 model Bは5V2.5A以上必要	アイトランクiTrunk，ラズベリー・パイ 3用USB電源アダプタ，保護ケース，ヒートシンク，スタータキット（1,300円）
マイクロSD カード	4GBでもOKのようですが値段があまり変わらないので8GB以上をお勧めする	東芝製microSDHCカード（UHS-I）16GBバルク品（818円）
ディスプレイ	HDMI対応のディスプレイ	Koolertron 10.1インチモニター（8,499円）
HDMIケーブル	HDMI Aオス-HDMI Aオス	SMK-PHCT003：極細3.1mmケーブル，長さ0.3m（898円）
USBキーボード/マウス	普通のもの	－
USBメモリ	ターゲット設定には不要 （15章でデータ保存に使用）	SDCZ33-032G-J57（1,180円）
その他	ラズベリー・パイ 2 model Bの場合はイーサネット接続が必要	－
その他の注意事項	LabVIEW 2014 英語版Home版	LabVIEW 2014 英語版 Home版（5,800円）

12-2　ラズベリー・パイ用OSの作成

　SDメモリカード・フォーマッタ，Win32DiskImager，Raspbianをダウンロードします．SDメモリカード・フォーマッタは，microSDカードをフォーマットするアプリケーションで，以下のURLからダウンロードしてインストールします．

　https://www.sdcard.org/jp/downloads/formatter_4/

　念のため，新しく購入したカードもフォーマットします（図12-1）．Win32DiskImagerを以下のURLからダウンロードしてインストールします．

　https://sourceforge.net/projects/win32diskimager/

　Raspbian imagesで検索すると，以下のURLの北陸先端科学技術大学院大学のミラーサイトが見つかります（図12-2）．

　http://ftp.jaist.ac.jp/pub/raspberrypi/raspbian/images/

　この中から，2017-04-10-raspbian-jessie.zipをダウンロードします（図12-3）．これを解凍すると，2017-04-10-raspbian-jessie.imgとなります．

　Windowsのスタートボタンから，ImageWriterフォルダのWin32DiskImagerを起動します．解凍した

図12-1　SDメモリ・カードのフォーマット

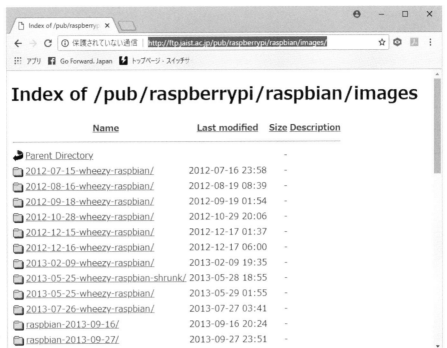

図12-2　過去バージョン
のラズベリー・パイ用OS
（raspbian）

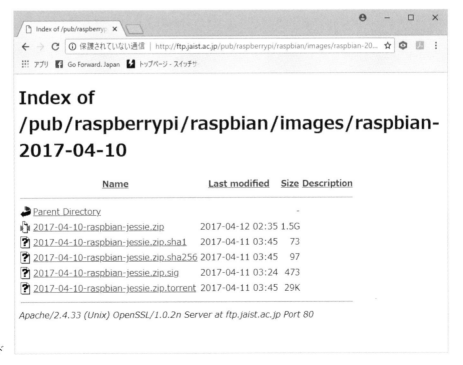

図12-3
2017-04-10-raspbian-
jessie.zip をダウンロード

図12-4 Win32DiskImager でマイクロ SD
カードに OS を書き込む

図12-5 マイクロ SD カード
に OS 書き込み中

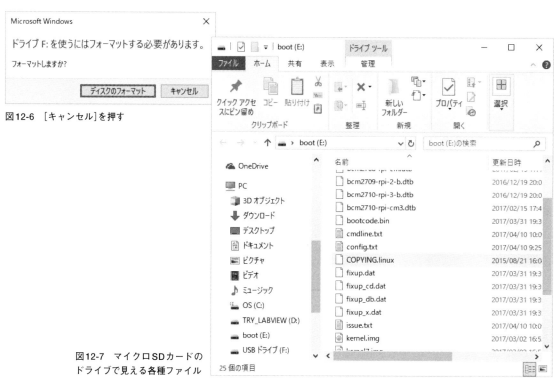

図12-6 ［キャンセル］を押す

図12-7 マイクロ SD カードの
ドライブで見える各種ファイル

図12-8　マイクロSDカードにOSを書き込んでラズベリー・パイを起動させた

2017-04-10-raspbian-jessie.imgとマイクロSDカードのドライブを指定して，［Write］ボタンを押します（**図12-4**）．くれぐれもドライブをまちがえないようにしてください．

　図12-5のように表示され，数分かかります．その後，**図12-6**のようにフォーマットする必要のあるドライブがあるというダイアログが表示されますが，［キャンセル］を押します．

　マイクロSDカードのドライブは，**図12-7**のように表示されます．cmdline.txtというテキスト・ファイルがありますが，のちほど設定を変更するために書き換えます．［Exit］ボタンを押して，Win32DiskImagerを終了させます．

　エクスプローラーからマイクロSDカードのドライブを右クリックして，［取り出し］を左クリックしてマイクロSDカードを取り出します．

　ラズベリー・パイの基板の裏面にマイクロSDスロットがあるので差し込んで，キーボード，マウス，ディスプレイ，マイクロUSBコネクタに電源ケーブルを接続して電源を入れます．

　図12-8のように，一本道のデスクトップ画面が表示されればOKです．

●ネットワーク設定とSSH設定

　画面右上のスピーカ・アイコンの左に，2本の縦棒に赤い×が付いたアイコンがあると思います．ク

リックするとWi-FiのSSIDが表示されるので，接続するSSIDを選択するとPre Shared Keyの入力を求められ，パスワードを入力します．接続ができれば，Wi-Fiのアイコンになります．

　次に，メニュー > Preference > Raspberry Pi Configurationを選択します（**図12-9**）．Raspberry Pi Configurationが表示されるので，Interfacesタブを選んでSSHをEnableにします（**図12-10**）．Wi-Fiアイコンにカーソルと添えるとIPアドレスが表示されるのでメモをしてください．

●ターゲット設定

　LabVIEW 2014 Home版（英語版）を起動します．**図12-11**のように，Tools > MakerHub > LINX > Target Configuration...を選択すると，**図12-12**の画面になります．Host Name欄には，ラズベリー・パイのIPアドレスを入力します．

　usernameとpasswordは，デフォルトから変更していなければ「pi」と「raspberry」です（**図12-13**）．[Install Software]ボタンをクリックします（**図12-14**）．

　Installをクリックしてランタイム・エンジンをインストールします．途中でラズベリー・パイのリブートがありますが，数分で終了します（**図12-15**）．

図12-9 ラズベリー・パイの設定

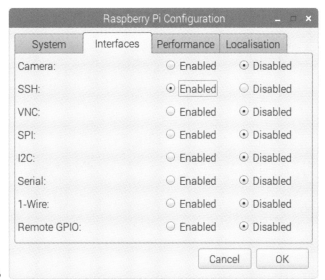

図12-10
SSH を[Enable]にする

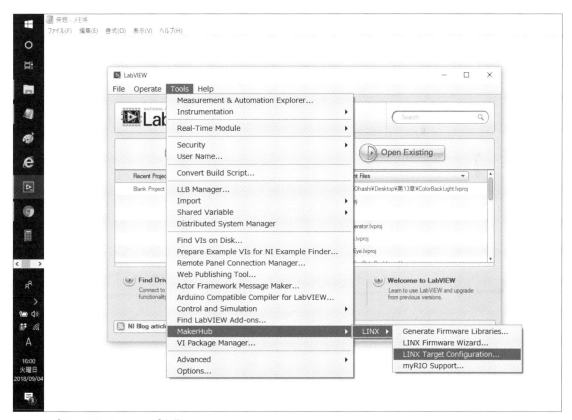

図12-11 [Target Configuration...]を選ぶ

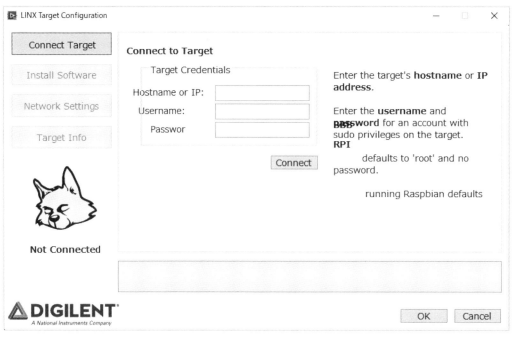

図12-12　[LINX Target Configuration]の画面

図12-13　ラズベリー・パイにSSHで接続する

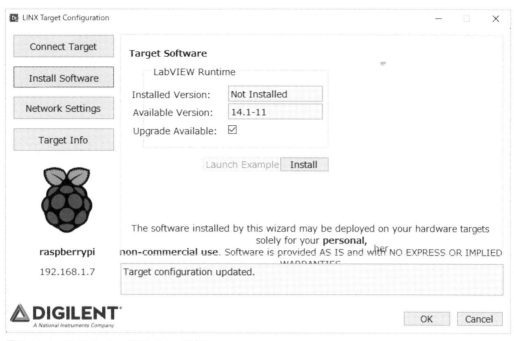

図12-14　LabVIEW Runtimeのインストールする

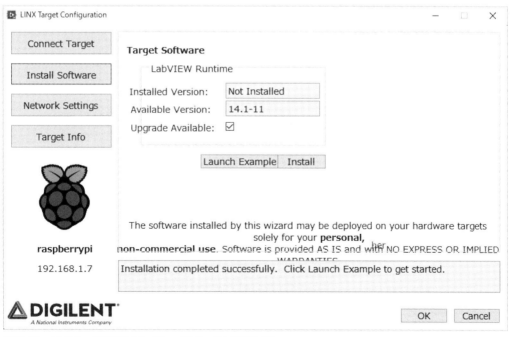

図12-15　インストール完了後サンプル・プロジェクトを起動する

12-3 ラズベリー・パイでの動作確認

　[Install]ボタンの左側にある[Launch Example]ボタンを押します．おなじみのVIのフロントパネルが開きます．同時に"Raspberry Pi 2 B.lvproj"というウィンドウ(**図12-16**)も開きます．実行ファイルを作成する場合は，このようにプロジェクトで管理する必要があります．

　VIの実行ボタンを押すと，**図12-17**のようにファイル配置のプロセスが行われます．途中でVIを保存するように表示されるので，[保存]ボタンを押します．[クローズ・ボタン]を押すとVIが実行します(**図12-18**)．パソコン上のVIが実行しているように見えますが，VIはラズベリー・パイで実行されて

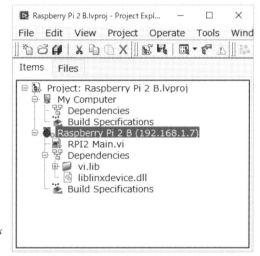

図12-16　ラズベリー・パイ2Bプロジェクトが
起動する

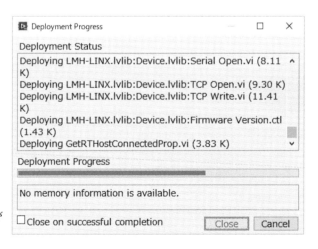

図12-17　ファイルの配置が
進行中

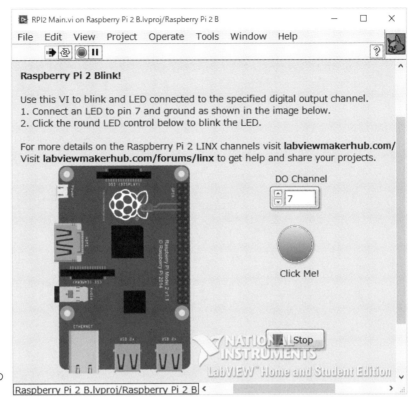

図12-18　実行中の
フロントパネル

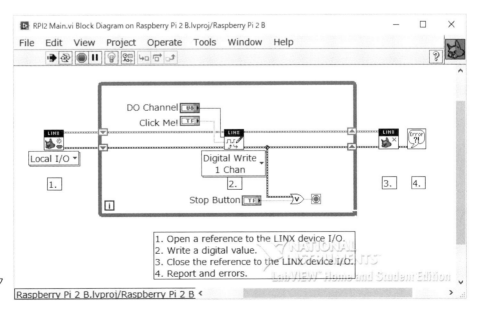

図12-19　ブロック
ダイアグラム

コラム10　SSH接続でのラズベリー・パイのシャットダウン

　LabVIEW+LINXで，ラズベリー・パイをスタンドアロンで動作させるときにモニタを接続しない場合がありますが，モニタがなければメニューからシャットダウンというわけにはいきません．

　その場合は，Windows PCからSSHでログインして，シャットダウンすることができます．Windowsでは，PuttyというアプリケーションがSSHクライアントとしてよく使われるので，ダ

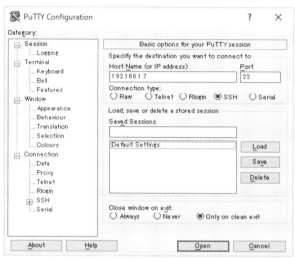

図10-A　putty設定でIPアドレスを入力してSSHで接続する

TCP/IPでパソコンのフロントパネルの制御器・表示器の状態を更新しています．**図12-19**がブロックダイアグラムです．

　フロントパネルにラズベリー・パイの図がありますが，LEDの長い足（右側）が書かれているのが7ピンで，短い足（左側）が書かれているのが9ピンでGNDです．実際にLEDを接続すれば，フロントパネルの指示どおりに点灯/消灯します．電源が入った状態で配線するのはお勧めできないので，本章での確認はここまでです．

●ラズベリー・パイのシャットダウン

　パソコンと同じように，メニュー・アイコン（画面上部左端のラズベリー・アイコン）からシャットダウンを行います．Arduinoのようにいきなり電源を切ると，動作が不安定になったりSDカードが破損

ウンロードしておくとよいでしょう.

　図10-Aのように，IPアドレスを入力してOpenボタンを押すと，注意事項が表示されます．[はい]を押して，表示された画面でユーザ名とパスワードを入れるとSSH接続ができます．コマンド[sudo shutdown -h now]でshutdownします（図10-B）.

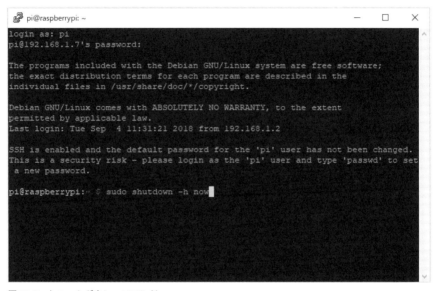

図10-B　シャットダウン・コマンド

する可能性もあります．シャットダウンが終了すると，SDカードへのアクセスを示す黄緑色LEDの点滅が終了して消灯しますので，これを確認後に電源を切ってください.

●usernameとpassword
　本書では，usernameとpasswordはデフォルトのまま説明を行いますが，定常的に使用できるようになりましたら，早めに独自のpasswordに変更してください.

●UARTを使うための設定
　ラズベリー・パイでUARTを使うためには，いくつかの設定ファイルを変更する必要があります．第16章でUARTを使うときに変更します.

第13章

LabVIEW プロジェクト・エクスプローラ の使いかた

▷ **本章のポイント** ◁

□ プロジェクトを作る

□ ターゲットとしてラズベリー・パイを追加する

□ VIをラズベリー・パイで実行する

□ ラズベリー・パイ起動時に自動実行する方法

キーワード：プロジェクト，ターゲットとデバイス，
　　　　　　プロジェクトへのVIの登録，スタートアップVI

　ラズベリー・パイだけで実行できるVIにするには，アプリケーション・ビルダという機能を使ってラズベリー・パイのLabVIEWランタイム・エンジンで動作するリアルタイム・アプリケーションに変換します．アプリケーションを構成するファイル全体の関連性が，プログラマにもアプリケーション・ビルダにも明確にできるしくみが，LabVIEWプロジェクト・エクスプローラです．ラズベリー・パイ用のプログラムを作るときには，必ずプロジェクト・エクスプローラを使う必要があるので，本章で使いかたを説明します．

　プロジェクト・エクスプローラの使いかたを理解した後で，スタートアップVIの例として，シャットダウン・スイッチ付きBlinkプログラム(**写真13-1**)を紹介します．

13-1 LabVIEWプロジェクト・エクスプローラ

　LabVIEWプロジェクト・エクスプローラの使いかたを説明するために，TimingパレットのGet Date/Time String関数を使ったVIをパソコンとラズベリー・パイで動かすプロジェクトを作ります．

　パソコンは日本時間，ラズベリー・パイはデフォルトのUTC（協定世界時）です．日本時間はUTCに

写真13-1　シャットダウン・スイッチ付きBlinkプログラム

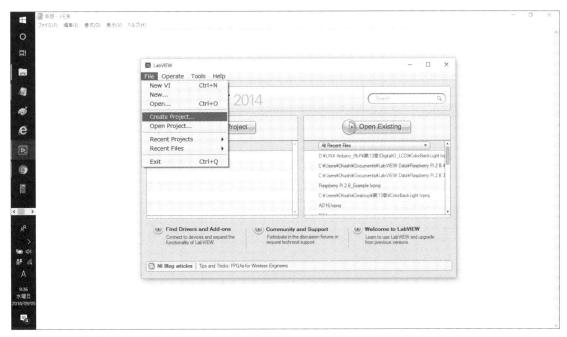

図13-1　新しいプロジェクトを作成する

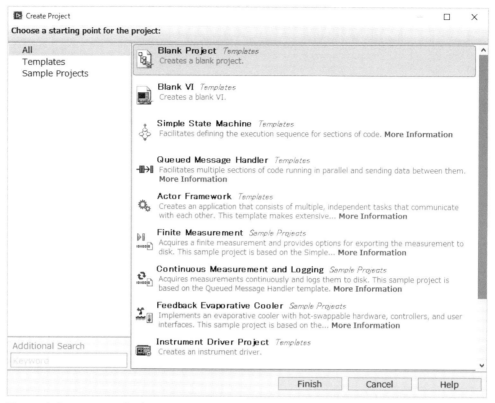

図13-2　何も入っていないプロジェクトを作成する

9時間加算した時刻です.

　ファイル・メニューから[Create Project...]をクリックします(図13-1). Blankプロジェクトで[Finish]ボタンを押します(図13-2). Blankプロジェクトが表示されるので, このプロジェクトを保存するフォルダを作ってDateTime.lvprojとして保存します.

　図13-3のように, My Computerを右クリックしてNew VIを選択してDateTime-PC.viとしてプロジェクトと同じフォルダに保存します. プロジェクト・エクスプローラは図13-4のようになります.

　図13-5のようなダイアグラムを作り実行すると, VIの入っているフォルダのパスと日本の現在の日時が表示されます(図13-6).

　図13-7のように, プロジェクト・エクスプローラの[DateTime-PC.vi]を右クリックし, [Save as...]でDateTime-RbP.viとして保存します.

　図13-8のように, プロジェクト・エクスプローラの[My Computer]を右クリックし, [Add]から[File...]でDateTime-PC.viを追加します.

　My ComputerのDateTime-PC.viとDateTime-RbP.viを実行すると, 当然ですが, 同じように表示します(図13-9).

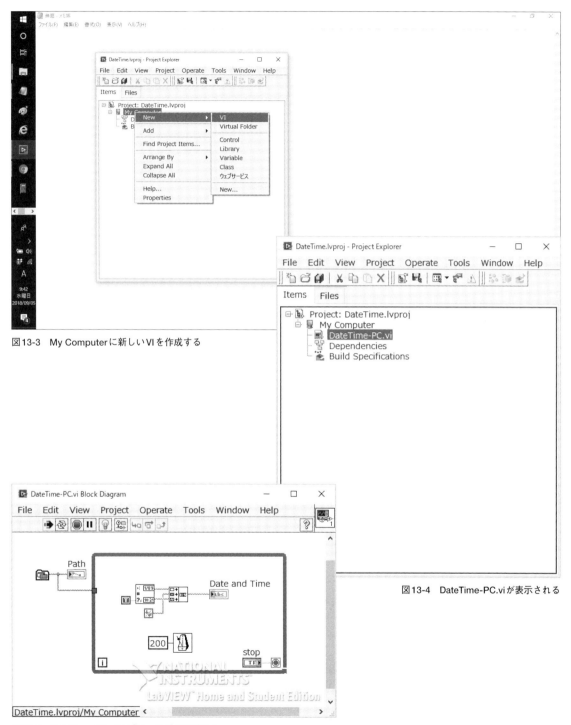

図13-3　My Computerに新しいVIを作成する

図13-4　DateTime-PC.viが表示される

図13-5　DateTime-PC.viのブロックダイアグラム

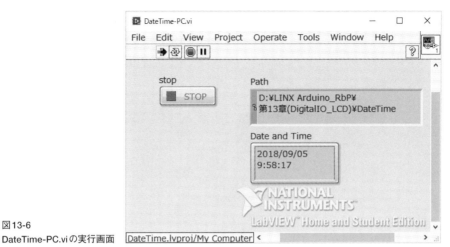

図13-6
DateTime-PC.viの実行画面

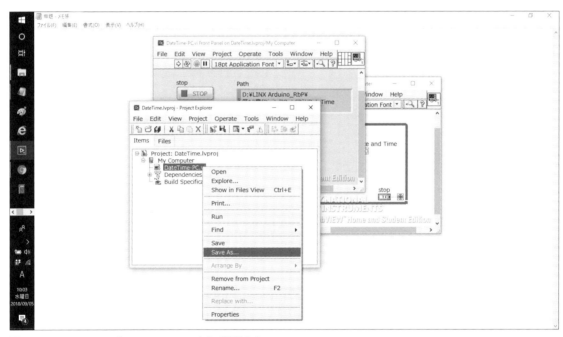

図13-7　DateTime-PC.viをDateTime-RbP.viとして複製する

●プロジェクトへのターゲットの追加

　ここまでのところは，プロジェクト・エクスプローラの御利益はあまりないのですが，プロジェクトにラズベリー・パイを追加します．プロジェクトの中でMy Computerとラズベリー・パイは同格に扱われます．

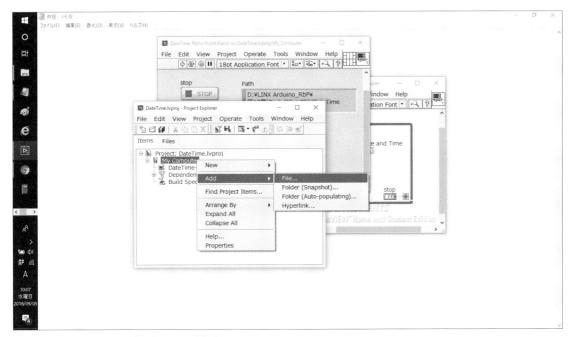

図13-8　DateTime-PC.viもプロジェクトに追加する

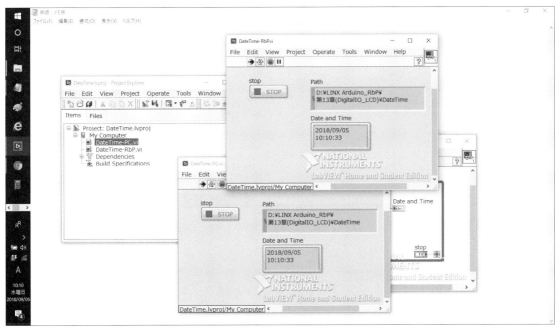

図13-9　DateTime-PC.viとDateTime-RbP.viを実行する

図13-10のように，プロジェクトを右クリックして［New］から［Targets and Devices...］を選択すると，［Add Targets and Devices on DateTime.lvproj］というウィンドウが表示されます．

　［Specify a target or device by IP address］のラジオ・ボタンを押すと，LINXの［BeagleBone Black］と［Raspberry Pi 2 B］が候補として表示されます（**図13-11**）．ここでIPアドレスを入力してもよいのですが，枠が小さくて使いにくいので，このまま［OK］ボタンを押します．

　プロジェクト・エクスプローラには，Raspberry Pi 2 Bが表示されます（**図13-12**）．［Raspberry Pi 2

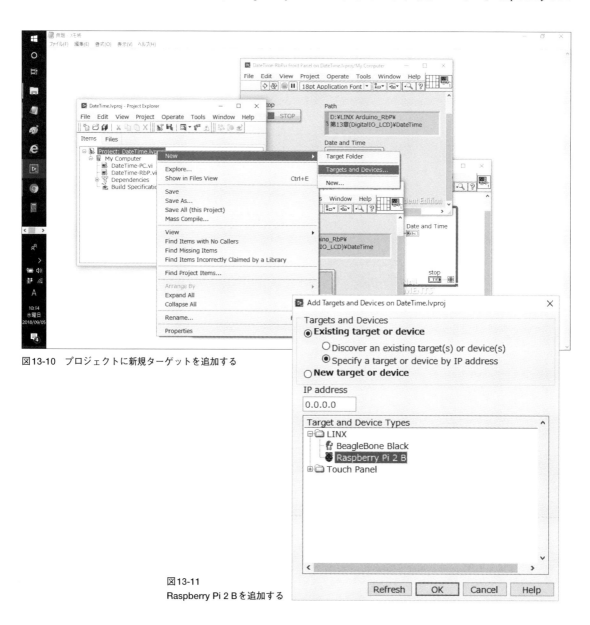

図13-10　プロジェクトに新規ターゲットを追加する

図13-11
Raspberry Pi 2 Bを追加する

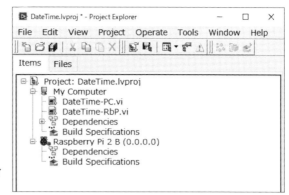

図13-12
IPアドレス未設定のラズベリー・パイ
がプロジェクトに追加された

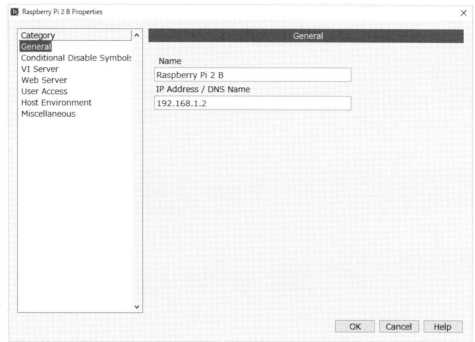

図13-13
Raspberry Piのプ
ロパティでIPアド
レスを設定する

B]を右クリックしてプロパティを開きます．IPアドレスを入力して[OK]ボタンを押します(**図13-13**)．
DHCPで接続している場合に状況によってIPアドレスが変わる場合がありますが，プロパティでIPア
ドレスを変更できます．**図13-14**のように，[Raspberry Pi 2 B]を右クリックして[Connect]を選択し
ます．[Raspberry Pi 2 B]のアイコンに，緑のLEDが点灯します．

　次に，[My Computer]の下にあるDateTime-RbP.viをドラッグして，[Raspberry Pi 2 B]の下に移
動します(**図13-15**)．いったんDateTime-RbP.viのフロントパネルを閉じて，[Raspberry Pi 2 B]の下
のDateTime-RbP.viをダブルクリックすると，[Raspberry Pi 2 B]のDateTime-RbP.viとしてフロント

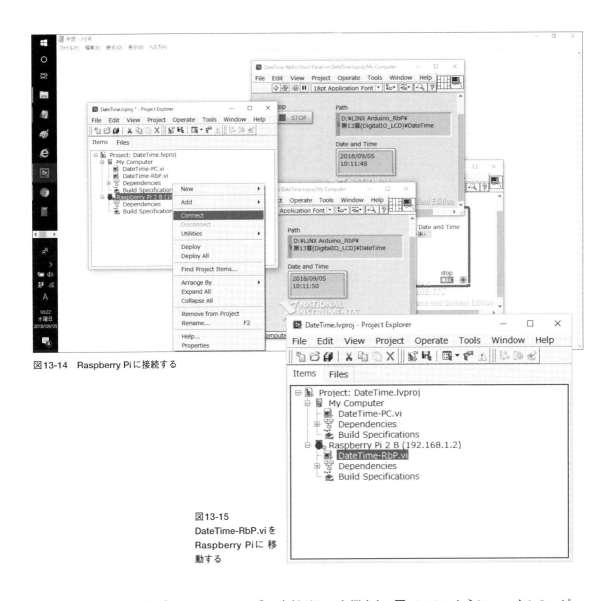

図13-14 Raspberry Piに接続する

図13-15
DateTime-RbP.viを
Raspberry Piに 移
動する

パネルが表示されます.［DateTime-RbP.vi］の実行ボタンを押すと,**図13-16**のようにファイルのコピー
の状況が表示されます.ファイルのコピーが終了後［OK］ボタンを押すと,ラズベリー・パイで実行さ
れます.**図13-17**のように,時間がUTCで表示され,VIの入っているフォルダも /usr/local/natinst で
あることがわかります.

　ラズベリー・パイの電源を入れると自動的に動作を開始するアプリケーションをスタートアップVI
と言いますが,DateTime-RbP.viはパソコンがないと動作しているかどうかわからないので,スタート
アップVIにしても面白みがありません.パソコンがなくても動作していることがわかるVIで話を続け
ます.

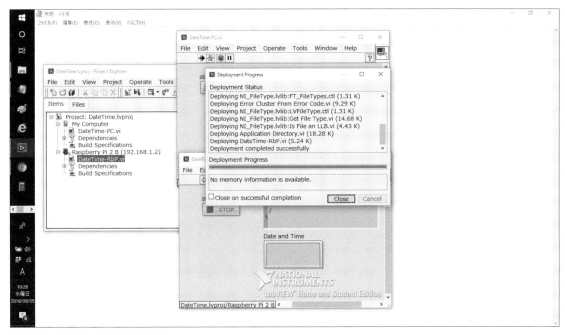

図13-16　DateTime-RbP.viをコピー

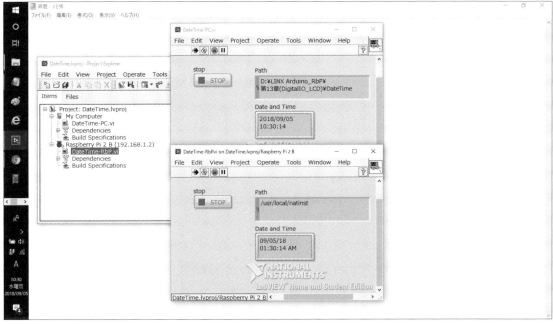

図13-17　DateTime-RbP.viがラズベリー・パイ上で実行されていることを確認する

13-2 シャットダウン・スイッチ付きBlinkプログラム

シャットダウン・スイッチ付きBlinkプログラムは，ラズベリー・パイの電源が入るとLEDが200ms
間隔で点灯と消灯を繰り返し，ストップ・ボタンを3秒押し続けるとラズベリー・パイがシャットダウ
ンするプログラムです．

ラズベリー・パイのピン配列を図13-18に示します．奇数ピンがボードのCPU側で，偶数ピンがボー
ドの外周側です．図13-19が配線図です．

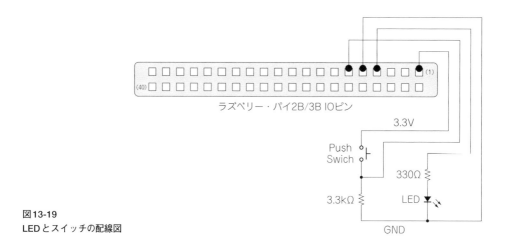

GPIO Header		
VDD_3v3	1　2	VDD_5v
I2C1_SDA	3　4	VDD_5v
I2C1_SCL	5　6	DGND
DIO_7	7　8	UART0_TX
DGND	9　10	UART0_RX
DIO_11	11　12	DIO_12
DIO_13	13　14	DGND
DIO_15	15　16	DIO_16
VDD_3v3	17　18	DIO_18
SPI0_MOSI	19　20	DGND
SPI0_MISO	21　22	DIO_22
SPI0_CLK	23　24	RESERVED_SPI0_CS0
DGND	25　26	RESERVED_SPI0_CS1
RESERVED_I2C0_SDA	27　28	RESERVED_I2C0_SCL
DIO_29	29　30	DGND
DIO_31	31　32	DIO_32
DIO_33	33　34	DGND
DIO_35	35　36	DIO_36
DIO_37	37　38	DIO_38
DGND	39　40	DIO_40

図13-18 ラズベリー・パイ
のピン配列

Default LINX pinout for the Raspberry Pi 2B/3B

ラズベリー・パイ2B/3B IOピン

3.3V

Push
Swich

330Ω

3.3kΩ

LED

GND

図13-19
LEDとスイッチの配線図

●プログラムの説明

　図13-20にフロントパネルを示しますが，LEDとSTOPスイッチの状態を示す表示器だけです．制御器のストップ・スイッチはありません．**図13-21**がダイアグラムです．

　200ms間隔でループが回ります．シフトレジスタでループ実行ごとに7ピンに接続されたLEDのON-OFFが切り替わります．11ピンのスイッチが押され続けるとシフトレジスタの数値がカウントアップし，スイッチが離れるとカウントは0に戻ります．15を超えるとshutdown_-h_now.viへの入力が

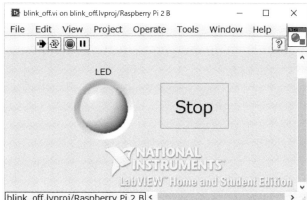

図13-20
blink_off.viのフロントパネル

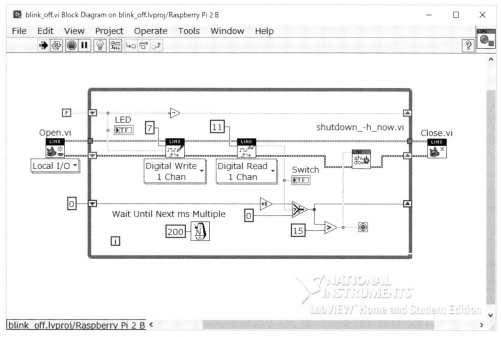

図13-21　blink_off.viのブロックダイアグラム

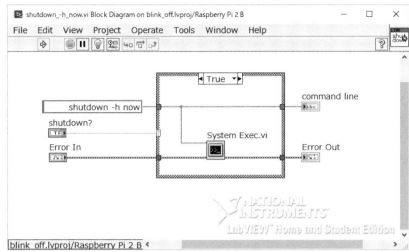

図13-22　シャットダウン・コマンドを送るサブVI

Trueとなり，シャットダウンします．　shutdown_-h_now.viのダイアグラムは**図13-22**です．System Exec.viでLinuxコマンドを実行します．

　ラズベリー・パイの普通の使いかたではユーザーでログインするので，シャットダウンするときには，コマンド［sudo shutdown_-h_now］のように［sudo］を前において一時的に管理者権限になってシャットダウンします．LabVIEWのプログラムは管理者権限で動作しているらしくsudoは不要でした．

●リアルタイム・アプリケーション

　プロジェクト・エクスプローラの［Build Specifications］を右クリックして，**図13-23**のように［Real-Time Application］を選択します．プロパティが開くので，［Source Files］カテゴリで［Startup VIs］に登録するものを選んで［Add Item］ボタンを押します（**図13-24**）．［Build］ボタンを押して処理の完了を待ちます．

　Buildが終わるとアプリケーションを起動できるので，**図13-25**のように［Run as startup］を選択します．ラズベリー・パイのLabVIEWがリセットされてプログラムの実行を開始します．

　11ピンに接続された［Stop］ボタンを3秒以上押し続けるとラズベリー・パイはシャットダウンし，電源をOFF-ONするとLEDが点滅を始めます．

●リアルタイム・アプリケーションの停止

　自動的に起動する状態を停止する方法は，［Build Specifications］の［My Real-Time Application］を［Unset Startup］（**図13-26**）にして再起動すればよさそうですが，筆者の環境では停止できませんでした．I/Oピンを使ったアプリケーションが停止できないと危険ですので，回避策としてブランクVIをbuildしてスタートアップVIに設定しています．起動しても何もせずにすぐ停止するので，実害はなくなると考えています．

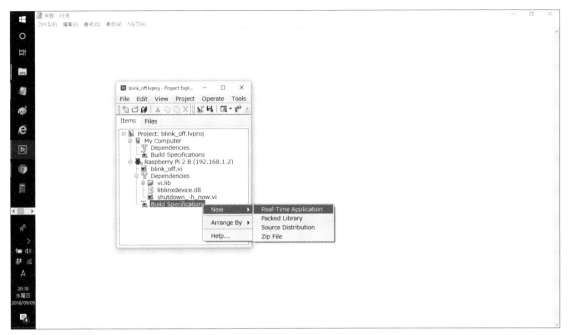

図13-23　リアルタイム・アプリケーション用ビルド仕様を作成する

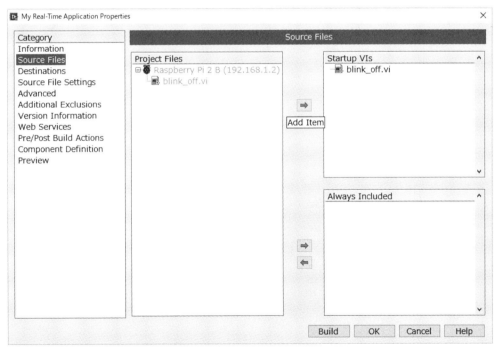

図13-24　ソース・ファイル・タブでStartup VIsにblink_off.viを追加する

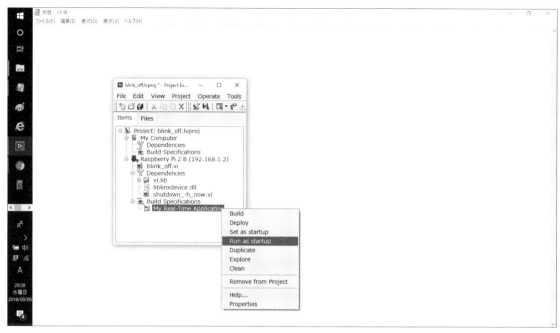

図13-25　スタートアップとして実行に設定する

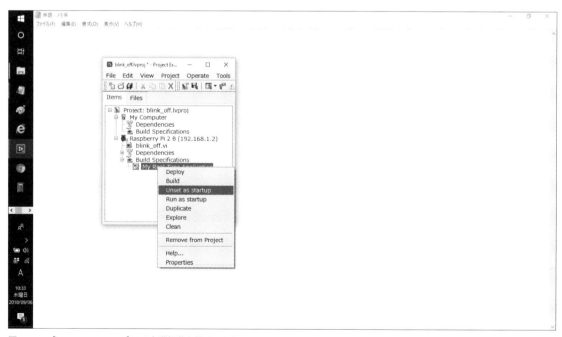

図13-26　［Unset as startup］では自動起動を解除できない

第14章

ディスプレイに ロータリ・エンコーダの 角度を表示する

▶ 本章のポイント ◀

□ 第2部のArduino用のVIをラズベリー・パイ用に改造する方法
□ ディジタル入力の例としてロータリ・エンコーダを使ってみる
□ I²Cの例としてキャラクタ・ディスプレイを使ってみる

　本章では第2部との橋渡しとして，Arduino用のLINX VIをラズベリー・パイで使う方法を確認します．第6章のロータリ・エンコーダと第7章のI²Cディスプレイを使って，エンコーダの角度を表示するプログラムを作成します(**写真14-1**)．

14-1 ロータリ・エンコーダの角度を表示するプログラム

●ソフトウェアを作成する準備

まず，RotateAngleDisplayというフォルダを作ります．次に，第6章で作成したRotaryEncoder_BrightnessAdjust.viとsub_RotaryEncoder.viをコピーします．さらに，第7章で作成したCharacterDisplay_Arduino.viと6個のサブVIをコピーします（**図14-1**）.

写真14-1　ロータリ・エンコーダの角度を表示した例

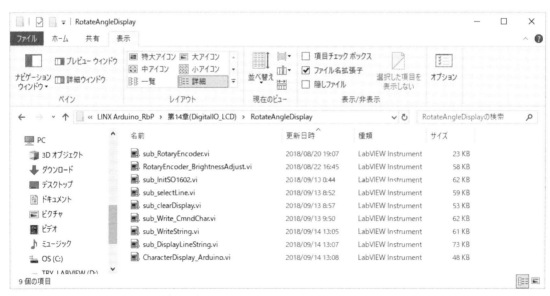

図14-1　第6章と第7章のVIをフォルダにコピーする

ファイル・メニューから［Create Project...］を選択して，RotateAngleDisplayフォルダの中に
RotateAngleDisplay.lvprojというプロジェクトを作成します（**図14-2**）．ラズベリー・パイをターゲッ
トとして追加します（**図14-3**）．RotateAngleDisplayフォルダからRotaryEncoder_BrightnessAdjust.vi

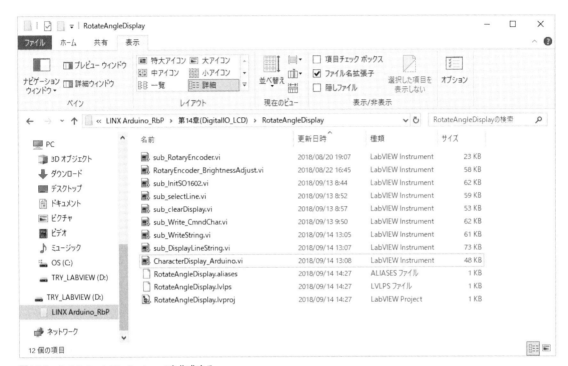

図14-2　RotateAngleDisplay.lvprojを作成する

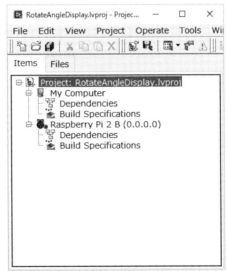

**図14-3　Rsspberry Piを
ターゲットとして追加する**

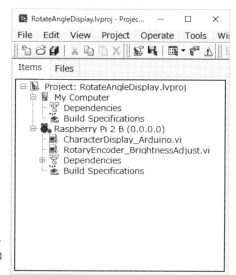

図14-4　第6章と第7章のメインVIを
プロジェクト・エクスプローラに追加
する

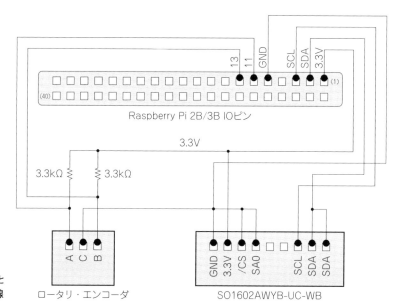

図14-5　ロータリ・エンコーダと
キャラクタ・ディスプレイの配線

とCharacterDisplay_Arduino.viをプロジェクト・エクスプローラのラズベリー・パイの下にドラッグ＆
ドロップします（**図14-4**）．

　これでソフトウェアの準備ができたので，ラズベリー・パイの電源が入っていない状態で配線を行い
ます．配線図を**図14-5**に示します．

156　　　第14章　ディスプレイにロータリ・エンコーダの角度を表示する</cite>

コラム11　I²Cで変だなと思ったら波形を見る

　5年前に定年退職した際に，送別会でオシロスコープTektronix TBS 1022をいただきました（**写真11-A**）．自己資金もいくらか足してブランド品にしたのですが，記念にみんなのサインを書いてもらいました．パソコンにUSBで接続するディスプレイのないコンパクトなオシロスコープもありますが，トラブルのときには机の上もゴタゴタしがちですから一体型のほうが使いやすいと思います．

　I²Cでうまく動かないときには，オシロスコープがないとお手上げです．**図11-A**のように汚い波形でも一応通信できていますが，接続するボードの種類を変えると波形がさらにひどくなる場合もあります．**図11-B**のように，きれいな波形のほうが安心です．

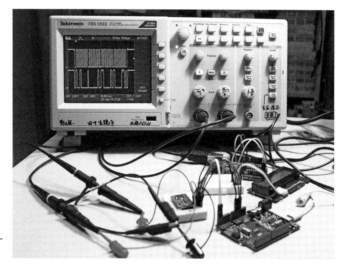

写真11-A　I²CやSPIのトラブルシューティングに便利なオシロスコープ

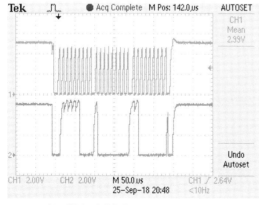

図11-A　汚い波形でも動作する

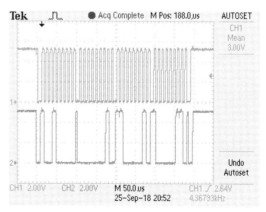

図11-B　きれいな波形のほうが安心できる

14-1　ロータリ・エンコーダの角度を表示するプログラム　　157

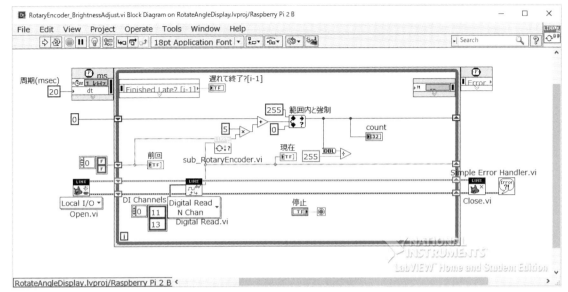

図14-6　RotaryEncoder_BrightnessAdjust.viの改造

●プログラムの改造と確認

　プロジェクト・エクスプローラでRotaryEncoder_BrightnessAdjust.viを開き，ダイアグラムのOpen.viを［Serial］から［Local I/O］に変更し，Serial Port制御器を削除します．ディジタルI/Oは11と13を使うので，Digital Read.viのチャネル指定配列を11と13に変更します．

　LEDは接続していないので，PWM set Duty Cycle.viを削除します．ダイアグラムは，**図14-6**のようになります．［実行］ボタンを押すと［Deployment Process］が表示され，［Deployment completed successfully］と表示されると思います．［クローズ］ボタンを押すとプログラムが実行され，ロータリ・エンコーダのノブを回すとカウントが変化することが確認できます．

　同様に，CharacterDisplay_Arduino.viの確認を行います．Open.viをLocal I/Oに，I2C Channelを0から1に変更して保存します（**図14-7**）．実行すると，1行目に［LabVIEW LINX］が表示され，2行目にカウント値が表示されると思います．

　このように，Arduinoとラズベリー・パイに共通するI/Oであれば，Open.viとI/O番号を変更するだけで動くことが確認できました．

●プログラムのビルド

　RotaryEncoder_BrightnessAdjust.viをベースにして，ロータリ・エンコーダのノブの現在の角度を表示するプログラムRbP_AngleDisplay.viを作成しました（**図14-8**）．ノブを1周させると24パルスを発生するロータリ・エンコーダです．A相とB相が1/4位相ずれているので，1カウントが3.75°になります．また，20ms周期でループが回るので，ディスプレイの表示内容が変化したときだけ更新するようにし

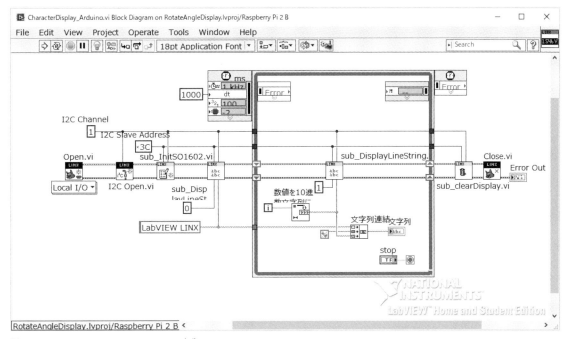

図14-7 CharacterDisplay_Arduino.viの改造

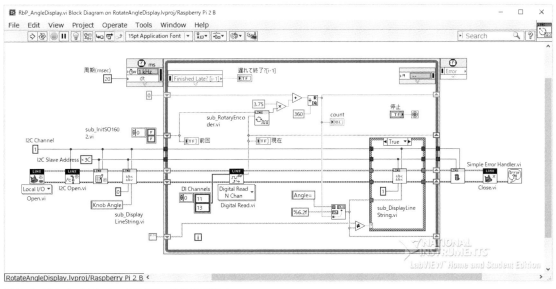

図14-8 RbP_AngleDisplay.viのブロックダイアグラム

ました.

　最終的には，**図14-9**のようなプロジェクトで，ビルドを行ってスタンドアロンで動作させます（**図14-10**）．16文字2行の小さなディスプレイですが，とても便利です.

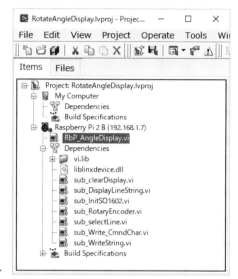

図14-9　RotateAngleDisplayプロジェクト

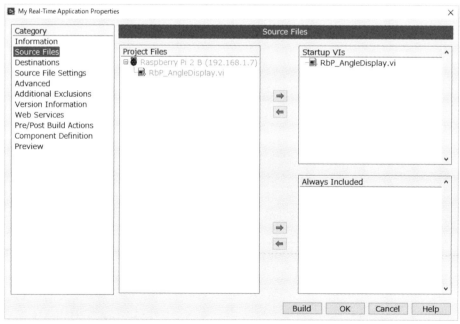

図14-10　ビルド仕様

第15章

アナログ・モジュールと ラズベリー・パイを 接続して機能を拡張する

▶ **本章のポイント** ◀

- ☐ 3種類のモジュールのレジスタ設定あれこれ
- ☐ I²Cのモジュール2種
- ☐ SPIのモジュール1種
- ☐ ラズベリー・パイにアナログ入力機能を追加する
- ☐ ラズベリー・パイにアナログ出力機能を追加する
- ☐ ラズベリー・パイに波形出力機能を追加する

キーワード：I²C, スレーブ・アドレス，ADS1115, MCP4725, AD9833

　本章では，ラズベリー・パイにアナログ・モジュールを接続して機能の拡張を行います．接続するモジュールは，16ビットA-DコンバータADS1115を使用したアナログ入力モジュール，12ビットD-AコンバータMCP4725を使用したアナログ出力モジュール，プログラマブル波形生成器AD9833を使用したウェーブ・ジェネレータ・モジュールの3種類です．

15-1 I²Cでアナログ入力モジュールとラズベリー・パイを接続

　ADS1115は，I²C通信で使用するテキサス・インスツルメンツ社の16ビットA-Dコンバータです（**写真15-1**）．ラズベリー・パイにはアナログ入力機能がないため，このモジュールがよく使われています．グラウンドを基準にして電圧を測定するシングルエンド・モード（4チャネル）と，グラウンドから絶縁された信号を測定する差動モード（2チャネル）があります．

　差動モードで測定することはあまり一般的ではありませんが，乾電池，熱電対，絶縁アンプ出力などの測定で使われます．入力端子への絶対電圧（ADS1115のGND基準）が$GND - 0.3V \sim V_{DD} + 0.3V$の範囲を越えると保護回路が働き，定常的に10mAの電流が流れると破損するので，差動モードで信号を接続する場合は，ADS1115の仕様書を確認したうえで接続してください．なお，A-D変換は16ビットの分解能ですが，シングルエンド・モードでは負の数は発生しないため，実質は15ビットの分解能となります．

●アナログ入力モジュールの配線

　I²Cの4本とスレーブ・アドレス選択のためのADDR端子を接続します．**図15-1**のように，ADDR端子はGNDに接続したので，スレーブ・アドレスは0x48です．ADDR端子の接続先を変えることにより，アドレスを変更できます．詳しくは仕様書をご覧ください．

●レジスタの設定

　今回のプログラムで使用するのは，コンフィグ・レジスタと変換レジスタです．コンフィグ・レジスタで入力チャネルやゲインなどを設定し，測定した最新の値が書かれている変換レジスタから値を取得

写真15-1　アナログ入力モジュール（ADS1115）
とラズベリー・パイを接続したところ

するという使いかたになります．上限下限を設定してアラート信号を出力する機能もありますが，本書では割愛します．レジスタへの設定内容については**表15-1**の説明を確認ください．

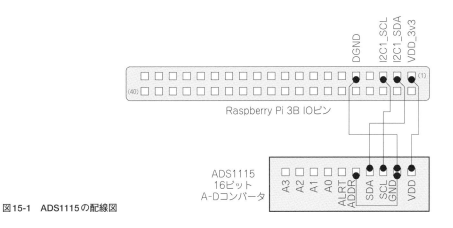

図15-1 ADS1115の配線図

表15-1 ADS1115のレジスタ（コンフィグ，変換，ポインタ）

コンフィグ・レジスタ（書き込みの場合）															
b15	b14	b13	b12	b11	b10	b9	b8	b7	b6	b5	b4	b3	b2	b1	b0
OS	MUX2	MUX1	MUX0	PGA2	PGA1	PGA0	MODE	DR2	DR1	DR0	cMode	cPol	cLat	cQ1	cQ2

OS：OS＝1はpower downモード時に変換実施，OS＝0は無効
MUX2〜0：入力設定（別表参照）
PGA2〜0：ゲイン設定（別表参照）
MODE：MODE ＝ 0は連続変換，MODE＝1はパワーダウン1回変換
DR2〜0：データレート（別表参照）
cMode〜cQ2：比較モードで使用するが本書では扱わない

入力設定（MUX2〜0）
000：AINp ＝ AIN0，AINn ＝ AIN1
001：AINp ＝ AIN0，AINn ＝ AIN3
010：AINp ＝ AIN1，AINn ＝ AIN3
011：AINp ＝ AIN2，AINn ＝ AIN3
100：AINp ＝ AIN0，AINn ＝ GND
101：AINp ＝ AIN1，AINn ＝ GND
110：AINp ＝ AIN2，AINn ＝ GND
111：AINp ＝ AIN3，AINn ＝ GND

ゲイン設定（PGA2〜0）
000：FS ＝ ± 6.144
001：FS ＝ ± 4.096
010：FS ＝ ± 2.048
011：FS ＝ ± 1.024
100：FS ＝ ± 0.512
101：FS ＝ ± 0.256
110：FS ＝ ± 0.256
111：FS ＝ ± 0.256

データレート設定（DR2〜0）
000：8SPS
001：16SPS
010：32SPS
011：64SPS
100：128SPS
101：250SPS
110：475SPS
111：860SPS

変換レジスタ															
b15	b14	b13	b12	b11	b10	b9	b8	b7	b6	b5	b4	b3	b2	b1	b0
D15	D14	D13	D12	D11	D10	D9	D8	D7	D6	D5	D4	D3	D2	D1	D0

最新の変換結果が2の補数形式で書かれている．LabVIEWの符号付き整数[I16]も2の補数形式なので[I16]で受け取ることができる

ポインタ・レジスタ（アクセスするレジスタを指定する）							
b7	b6	b5	b4	b3	b2	b1	b0
0	0	0	0	0	0	D1	D0

レジスタアドレス（D1〜0）
00：変換レジスタ
01：コンフィグ・レジスタ
（比較用レジスタは扱わない）

15-2 アナログ入力モジュールのプログラム

　AD16bit_ALL_CHsRead_RbP.viは，多チャネルの測定が可能です（**図15-2**）．チャネルの切り替えに時間がかかるため，使用できるサンプリング周波数はおよそ15Hz以下です．サンプリング周波数はLoopRate[Hz]で指定しますが，指定した周期で動作しない場合は[Finished Late?]ランプが点灯します．

　チャネル変更後，すみやかにA-D変換を行うためにADC Data Rateは860 SPSをデフォルトにしています．プログラムを実行中，A-D変換は高速に行われていますが，チャネルの切り替えと変換値の読み取りに時間がかかっています．チャネル数を少なくプログラムを変更すれば，サンプリング周波数は高くできます．

　AD16bit_1chRead.viは，チャネル切り替えをしないで860Hzまで高速にループが回るようになりました（**図15-3**）．A-D変換は1秒間に860サンプルが上限なので，アナログ入力モジュールの性能を活かすことができます．

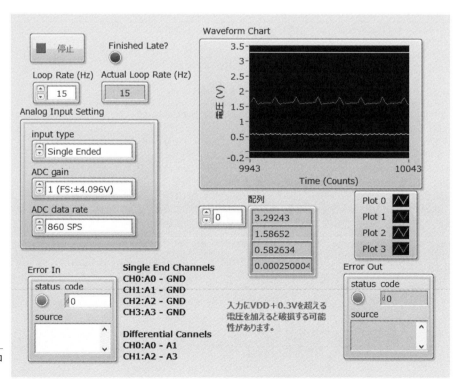

図15-2　AD16bit_ALL_CHsRead_RbP.viのフロントパネル

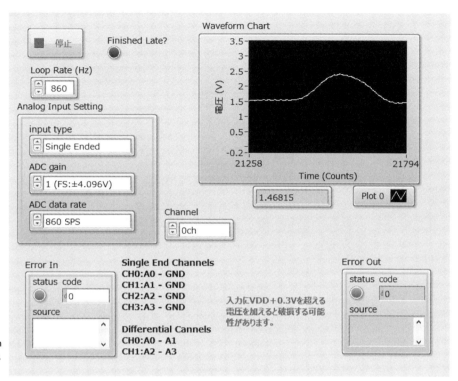

図15-3 AD16bit_1ch
Read.viのフロントパネ
ル

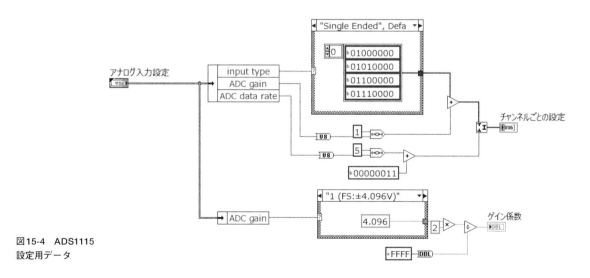

図15-4 ADS1115
設定用データ

●ダイアグラムの解説

コンフィグ・レジスタへの書き込みデータの作成は，**図15-4**のように行っています．コンフィグ・
レジスタで指定されたビット位置に［ADC gain］，［ADC data rate］，［チャネル設定を書き込み］，［チャ

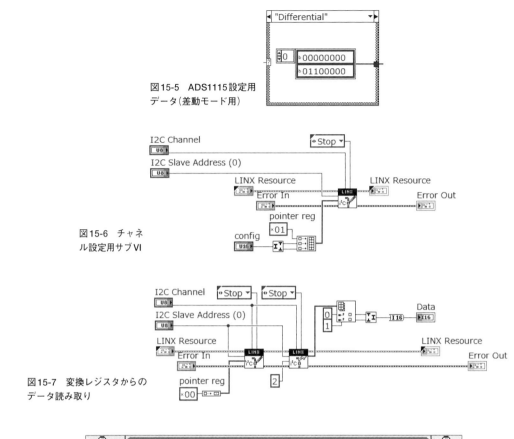

図15-5　ADS1115設定用
データ(差動モード用)

図15-6　チャネ
ル設定用サブVI

図15-7　変換レジスタからの
データ読み取り

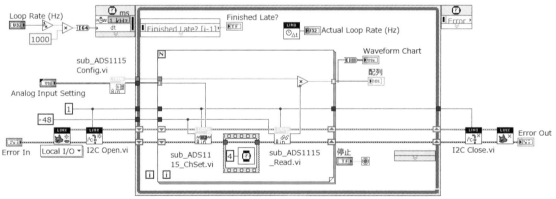

図15-8　AD16bit_ALL_CHsRead_RbP.viのブロックダイアグラム

ネル]を要素とした配列を作ります．同時に，ADC gainに対応してデータを電圧値に変換する係数も出
力します．[Differentialチャネル]は，チャネル1としてA0-A1端子，チャネル2はA2-A3端子としてケー
ス構造で指定しています(図15-5)．

機能アップとArduinoで使うためのヒント

　ここではチャート表示器を使いましたが，グラフ表示器に表示させるサンプルが第4章にあるので，参考にして改造してください．また，ラズベリー・パイのUSBポートに接続したUSBメモリにデータを保存する方法は，第16章にあるので参考にしてください．

　ADS1115は5Vに対応しているので，電圧レベルの変換をしなくてもArduino UNOで使うことができます．Arduinoのアナログ入力は10ビットなので，より分解能が必要な測定に使用できます．I²Cチャネルは0でSDA→A4ピン，CLK→A5ピンで使用できます．LINXのopen.viをRemote IO-Serialに変更し，COMポートを指定します．V_{DD}は5Vです．

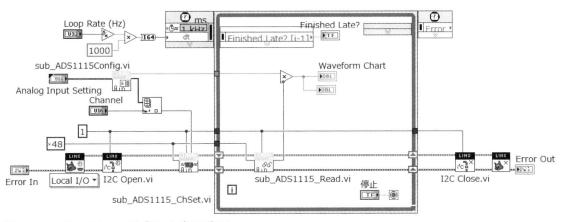

図15-9　AD16bit_1chRead.viのブロックダイアグラム

　コンフィグ・レジスタへの書き込みは，0x01を先頭にチャネル・データを2個のU8に分割して，3要素の配列としてI²Cで書き込みます（**図15-6**）．

　変換レジスタからの読み込みは0x00を書き込んで，2個データを読み取るとその時点での最新の変換結果が得られます．ADC data rate が遅い場合には，変換レジスタには新しいデータが入っていないことがあるので注意します（**図15-7**）．

　波形チャートへの複数チャネルの表示のために，配列からクラスタへの変換関数（Array to Cluster）を使用しました．この関数を右クリックして，［クラスタサイズ…（Cluster Size…）］で変換後のクラスタの要素数を設定できるので，チャネル数に合わせて設定します（**図15-8**）．

　1チャネルだけで測定する場合は，**図15-9**のように簡単になります．ラズベリー・パイでは使用できるI²Cチャネルは「1」なので，ダイアグラムを確認してください．

15-3　アナログ出力モジュール(MCP4725)とラズベリー・パイの接続

　MCP4725は，I^2C通信で使用するMicrochip社の12ビットD-Aコンバータです(**写真15-2**)．調整用の電圧源やセンサのキャリブレーションなどに使用されます．不揮発性メモリ(EEPROM)にパワーON時の電圧を設定することができます．購入時はパワーON時にV_{DD}の1/2の電圧が出力される設定になっているので注意が必要です．このモジュールは3.3V系と5V系に対応します．

　配線は，**図15-10**のようにラズベリー・パイのI2C1に接続します．A0端子をGNDに接続すると，I^2Cアドレスは0x60になります．V_{DD}に接続すると0x61になります．

写真15-2　アナログ出力モジュール(MCP4725)
とラズベリー・パイを接続したところ

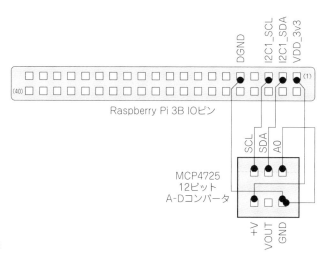

図15-10　MCP4725の配線

表15-2　12ビット出力電圧値（D11〜D0）のDACレジスタへの書き込み方法

第1バイト

b7	b6	b5	b4	b3	b2	b1	b0
0	0	PD1	PD2	D11	D10	D9	D8

PD1，PD2：パワーダウン時に出力端子をオープンにするか1kΩ，100kΩ，500kΩの抵抗でGNDに接続するかを選択できる．ここではオープン（PD1＝0，PD2＝0）を選択した

第2バイト

b7	b6	b5	b4	b3	b2	b1	b0
D7	D6	D5	D4	D3	D2	D1	D0

表15-3　パワー ON電圧のEEPROMへの書き込み方法

第1バイト

b7	b6	b5	b4	b3	b2	b1	b0
0	1	0	0	0	PD1	PD2	0

第2バイト

b7	b6	b5	b4	b3	b2	b1	b0
D11	D10	D9	D8	D7	D6	D5	D4

第3バイト

b7	b6	b5	b4	b3	b2	b1	b0
D3	D2	D1	D0	0	0	0	0

●レジスタの設定

　出力する電圧Vの12ビット・コードDは，基準電圧となるV_{DD}とステップ数4096を用いて次の式で表されます．

$$D = V / (V_{DD} / 4096)$$

　DACレジスタには，**表15-2**のようにD11からD0までを上位4ビットと下位8ビットに分割して書き込みます．EEPROMには，**表15-3**のようにD11からD0までを第2バイトと第3バイトに，上位8ビットと下位4ビットに分割して書き込みます．

15-4　アナログ出力モジュールのプログラム

　プロジェクトには，**図15-11**のように3個のメインVIが登録されています．**図15-12**のMCP4725_Adjustable_DC_Out_RbP.viはフロントパネルのダイアルで，出力する電圧を変更することができます．

　図15-13のMCP4725_Slow_OutPatternGenerator_RbP.viは，低周波のパターン・ジェネレータです．最高で50Hz程度しか出力できませんが，電圧を走査する実験などでは電圧をゆっくり上昇させるのこぎり波は有用です．サイン波とのこぎり波の出力を，**図15-14**と**図15-15**に示します．

　図15-16のMCP4725_PowerUpVoltage.viは，起動後の電圧出力を調整するためのプログラムです．

●ダイアグラムの解説

　MCP4725_Adjustable_DC_Out_RbP.vi（**図15-17**）では，V_{DD}または出力電圧の数値が変更されたときに，ケース構造の中のsub_MCP4725_Write.vi（**図15-18**）でDACレジスタへの書き込みを行います．sub_MCP4725_Write.viでは，強制的に0から0xFFFの範囲におさめた後で，上下8ビットに分割しています．

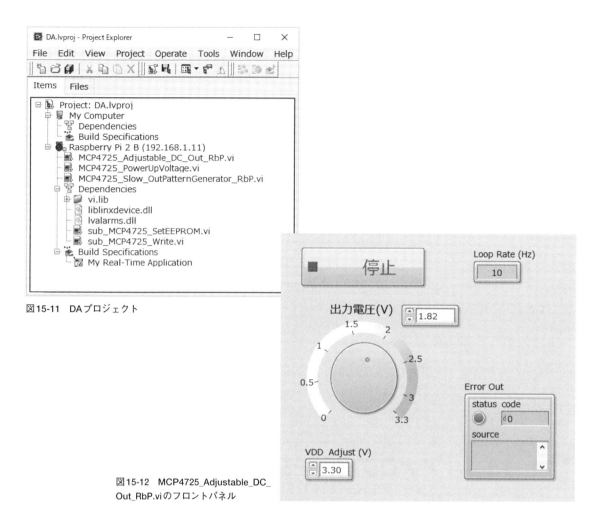

図15-11 DAプロジェクト

図15-12 MCP4725_Adjustable_DC_
Out_RbP.viのフロントパネル

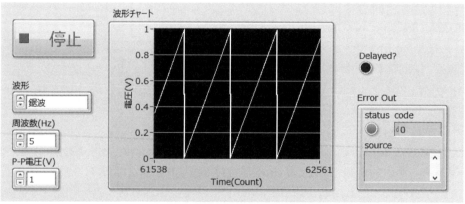

図15-13 MCP4725_Slow_OutPatternGenerator_RbP.viのフロントパネル

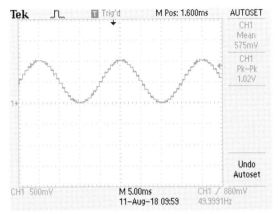

図15-14　50Hzサイン波の波形

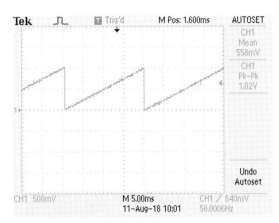

図15-15　50Hzのこぎり波の波形

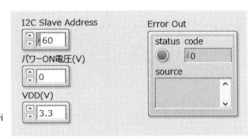

図15-16　MCP4725_PowerUpVoltage.vi
のフロントパネル

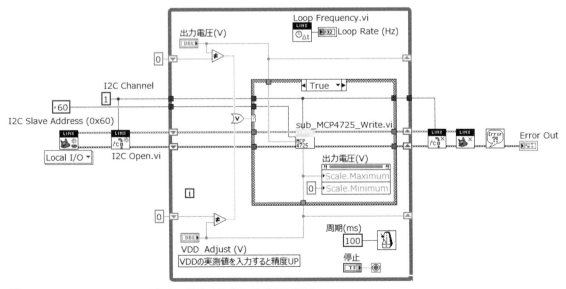

図15-17　MCP4725_Adjustable_DC_Out_RbP.viのブロックダイアグラム

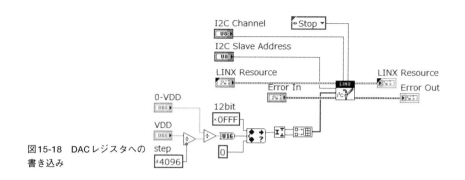

図15-18　DACレジスタへの
書き込み

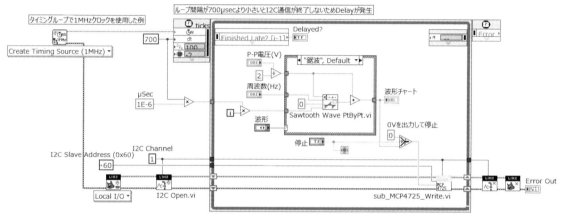

図15-19　MCP4725_Slow_OutPatternGenerator_RbP.vi（のこぎり波）

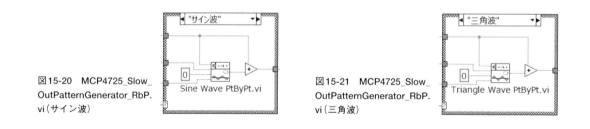

図15-20　MCP4725_Slow_
OutPatternGenerator_RbP.
vi（サイン波）

図15-21　MCP4725_Slow_
OutPatternGenerator_RbP.
vi（三角波）

　MCP4725_Slow_PatternGenerator_RbP.vi（図15-19，図15-20，図15-21）では，1MHzクロックのタイミング・ループを使用しました．

　LINXではラズベリー・パイのI²Cクロックが遅いため，ほとんど意味がありませんが，高速でループを回したいときには試してみる価値のある方法だと思います．参考までに，sub_MCP4725_Write.viで1回の書き込みをしたときのSCLの波形を図15-22に示しますが，およそ0.45msかかっていました．

　sub_MCP4725_SetEEPROM.vi（図15-23，図15-24）では，レジスタへの書き込みのために，U16の12ビットを上位8ビット下位4ビットに分割する必要があるので，ビットシフト関数を使用しました．

機能アップとArduinoで使うためのヒント

MCP4725は5Vに対応するので，Arduino UNOではSDA→A4ピン，CLK→A5ピンが使用できます．

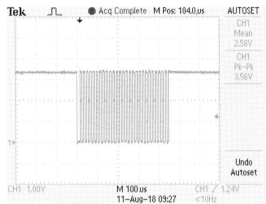

図15-22　SCLの波形

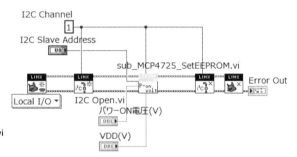

図15-23　MCP4725_PowerUpVoltage.vi
のブロックダイアグラム

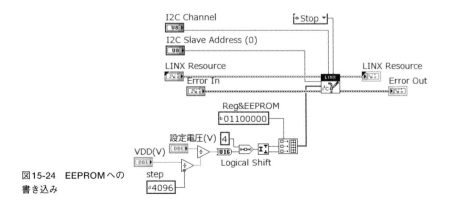

図15-24　EEPROMへの
書き込み

15-5　ウェーブ・ジェネレータとラズベリー・パイの接続

　AD9833（**写真15-3**）は，アナログ・デバイセズ社のプログラマブル波形生成器で，0.1Hzの分解能で0〜12.5MHzの出力周波数レンジのサイン波，三角波，方形波を出力することができます．

　サイン波と三角波はおよそ0〜0.6Vの出力電圧で，方形波は0〜3.5Vの出力電圧でした．SPI通信で周波数と波形を指定します．3.3V系と5V系に対応します．本章では，このモジュールを使って，周波数と波形を指定して出力をON/OFFできるプログラムを作成します．

　モジュールにはんだ付けされた5本のピンは，V_{CC}，GND，DAT，CLK，SFYという名称です．DATはSPIのMOSI，SFYはSS（スレーブ・セレクト）に対応します．ラズベリー・パイ3Bには，**図15-25**のように接続しました．

●SPIの設定

　SPIクロック周波数は最大40MHzまで対応すると仕様に書かれていて，実際40MHzでも動作しましたが，余裕のある4MHzとしました．U16をU8に分割して送る場合は，上位8ビットを先に送るMsb Firstで，CLKの極性と取り込みタイミングはMode 2です．SFYという名称のCSピンは，DIO_22ピンを使いActive Lowです．これらの設定は，ダイアグラムで確認してください．

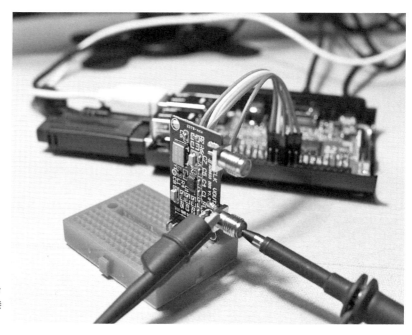

写真15-3　ウェーブ・ジェネレータ（AD9833）とラズベリー・パイを接続したところ

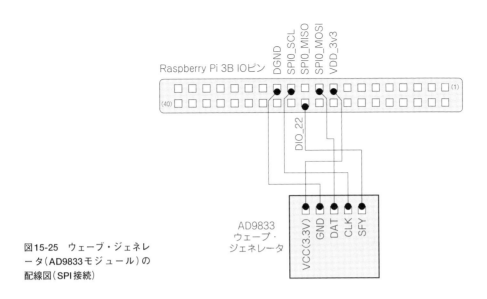

図15-25　ウェーブ・ジェネレータ(AD9833モジュール)の配線図(SPI接続)

表15-4　コントロール・レジスタと周波数レジスタ

コントロール・レジスタ

b15	b14	b13	b12	b11	b10	b9	b8	b7	b6	b5	b4	b3	b2	b1	b0
0	0	1	0	0	0	0	reset	slp1	slp12	OPB	0	DIV2	0	mode	0

リセット：0010 0001 0000 0000　　b8：reset＝1で内部リセット　　　　　b3：DIV2＝1でMSB/0でMSB/2
サイン波：0010 0000 0000 0000　　b7：slp1＝1でMCLK停止　　　　　　b1：mode＝1で三角波/0でサイン波
三角波　：0010 0000 0000 0010　　b6：slp12＝1でDAコンバータOFF
方形波　：0010 0000 0010 1000　　b5：OPB＝1で方形波出力　　　　　　詳細は仕様書を参照のこと
出力停止：0010 0000 1100 0000

周波数レジスタFREQ0(28ビット)への書き込み

上位14ビットの書き込み(b15＝0，b14＝1でFREQ0レジスタを指定)															
b15	b14	b13	b12	b11	b10	b9	b8	b7	b6	b5	b4	b3	b2	b1	b0
0	1	F27	F26	F25	F24	F23	F22	F21	F20	F19	F18	F17	F16	F15	F14

下位14ビットの書き込み(b15＝0，b14＝1でFREQ0レジスタを指定)															
b15	b14	b13	b12	b11	b10	b9	b8	b7	b6	b5	b4	b3	b2	b1	b0
0	1	F13	F12	F11	F10	F9	F8	F7	F6	F5	F4	F3	F2	F1	F0

レジスタに書き込む28ビットの数値を仕様書ではΔPhaseと呼んでいる．ΔPhaseは0～2πを228で分解したSINデータROMからデータを読み出す間隔となる．ΔPhaseは出力する周波数をfとしたときに以下の式で求める．
ΔPhase＝f×228/25000000

●レジスタの設定

　レジスタの詳細を**表15-4**にまとめましたが，16ビットのコントロール・レジスタと28ビットの周波数レジスタ(2個)，12ビットの位相オフセット・レジスタ(2個)があります．ここでは，リセット，波形選択，出力のON/OFFに使うコントロール・レジスタと，周波数の設定に使う周波数レジスタFREQ0を使用します．さらに詳しいレジスタの内容については，仕様書を確認してください．

15-6 ウェーブ・ジェネレータのプログラム

図15-26に示すプロジェクト・ファイルWaveGenerator.lvprojを開きます．ラズベリー・パイのIPアドレスが実際のIPアドレスと異なる場合は，右クリックから[Properties]を選択してIPアドレスを変更します．

次に，ウェーブ・ジェネレータ・プログラムを開き，実行ボタンを押してラズベリー・パイにファイルをコピーします．

波形と周波数を設定して，出力ボタンを上にスライドすると信号が発生します．終了する場合は，出力ボタンを下にスライドして信号を停止させてから[終了]ボタンを押してください．

サイン波と三角波の出力電圧はおよそ0〜0.6Vですが，方形波は0〜3.5Vと出力電圧が高いので注意してください．オシロスコープで観察した波形を，図15-27，図15-28，図15-29に示します．

●ダイアグラムの解説

ウェーブ・ジェネレータのAD9833はレジスタに設定すると出力を出し続けるため，WaveGeneratorAD9833_RbP.vi（図15-30）では設定を変更したときだけレジスタの書き換えを行う構造にしました．

パソコン上で動作するプログラムであれば，UIイベント・ストラクチャを使うのが適当ですが，ラズベリー・パイにデプロイするとUIイベント・ストラクチャは使えないのでケース構造を使用しました．周波数，波形，出力のどれかが変化したときにレジスタの変更を行うので，3個の制御器をクラスタにまとめて処理しています．

サブVIのsub_SetAD9833.vi（図15-31）では，バイナリ表記を多用してレジスタ設定用のデータ処理

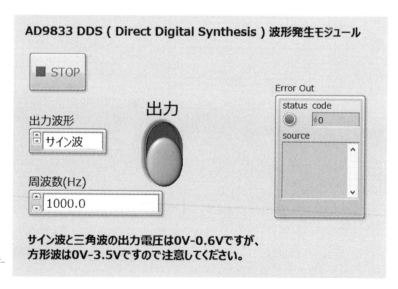

図15-26　WaveGeneratorAD9833_
RbP.viのフロントパネル

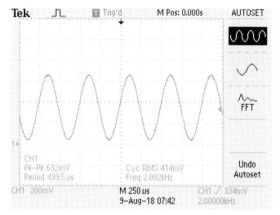

図15-27　2kHzサイン波出力

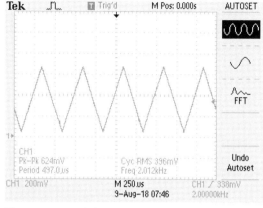

図15-28　2kHz三角波出力

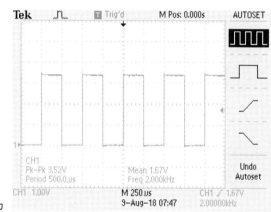

図15-29　2kHz矩形波出力

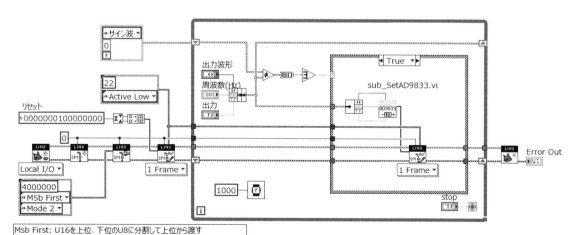

Msb First: U16を上位、下位のU8に分割して上位から渡す
Mode 2: SCLKの各立ち下がりエッジでAD9833にクロック入力されます。

図15-30　WaveGeneratorAD9833_RbP.viのブロックダイアグラム

15-6　ウェーブ・ジェネレータのプログラム　　177

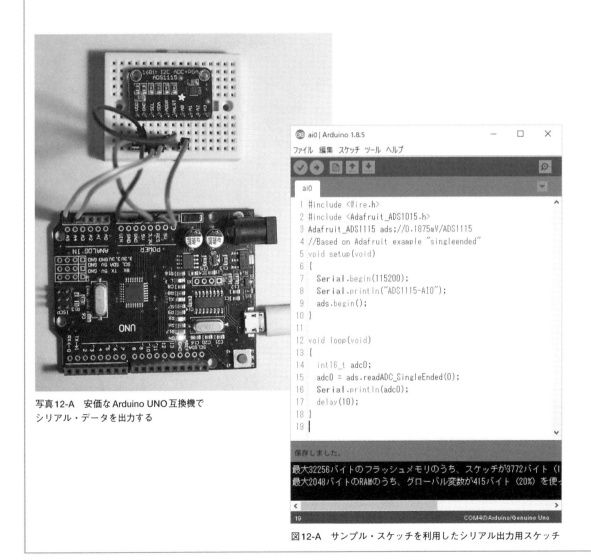

コラム12 Arduinoをセンサ・モジュールのシリアル・インターフェースと考える

　本章のようにしてLabVIEW用のセンサ・ライブラリを作るのは，ちょっと手間をかけすぎじゃないかと考えられる状況もあると思います．そんなときにお勧めする方法は，安価なArduino互換機をシリアル・インターフェースにしてしまうことです（**写真12-A**）．

（1）「モジュールの名称」と「Arduino」で検索して，Arduino用のライブラリを探します．例えば，「ads1115 arduino」で検索するとスイッチサイエンスの商品ページが見つかり，ライブラリとサンプルを提供してくれているAdafruitのgithubページにたどりつきます．

```
1 #include <Wire.h>
2 #include <Adafruit_ADS1015.h>
3 Adafruit_ADS1115 ads;//0.1875mV/ADS1115
4 //Based on Adafruit example "singleended"
5 void setup(void)
6 {
7   Serial.begin(115200);
8   Serial.println("ADS1115-AI0");
9   ads.begin();
10 }
11
12 void loop(void)
13 {
14   int16_t adc0;
15   adc0 = ads.readADC_SingleEnded(0);
16   Serial.println(adc0);
17   delay(10);
18 }
19
```

写真12-A　安価なArduino UNO互換機でシリアル・データを出力する

図12-A　サンプル・スケッチを利用したシリアル出力用スケッチ

https://github.com/adafruit/Adafruit_ADS1X15

（2）サンプル・スケッチsingleended.inoをベースにして，測定値をそのままシリアルで送り出すスケッチai0.inoを作ります（**図12-A**）.

（3）簡単なシリアル受信用VI，simpleSerialRead.viで受信して，LabVIEW関数で係数など必要な処理を行います（**図12-B**，**図12-C**）.

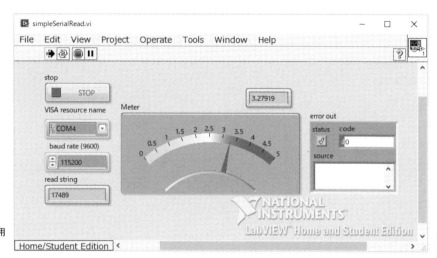

図12-B　シリアル受信用
VIのフロントパネル

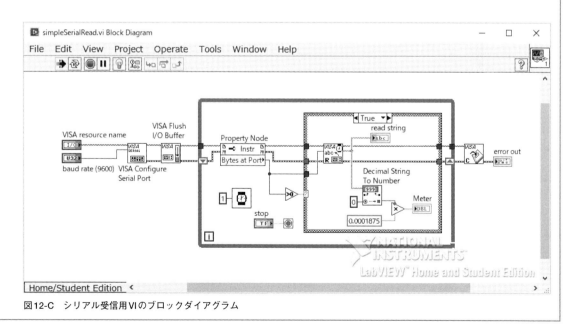

図12-C　シリアル受信用VIのブロックダイアグラム

機能アップとArduinoで使うためのヒント

　スイッチ，周波数を指定するロータリ・エンコーダ，LCDなどを組み合わせれば，スタンドアロン・アプリケーションにすることができるのでチャレンジしてみてください．

　AD9833は5Vに対応しているのでArduino UNOではDAT→11ピン，CLK→13ピン，SFY（SS）→10ピンで使用できます．

を行っています．三角波と方形波の設定データは，**図15-32**と**図15-33**です．U16の配列をMsb FirstでU8の配列に変換する部分では，Forループのトンネル・モードで連結（Concatenate）を使用しています（**図15-34**）．

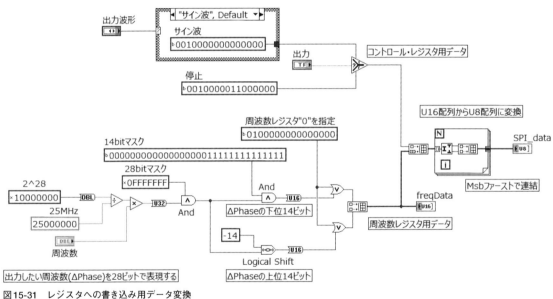

図15-31　レジスタへの書き込み用データ変換

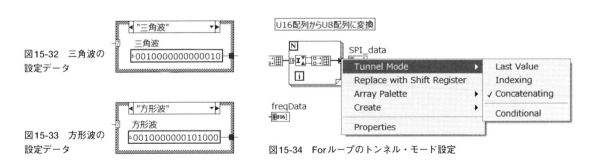

図15-32　三角波の
　　　　　設定データ

図15-33　方形波の
　　　　　設定データ

図15-34　Forループのトンネル・モード設定

第16章

GPS受信モジュールで位置情報を取得しディスプレイに表示する

▶ **本章のポイント** ◀

- □ UARTを使えるようにラズベリー・パイの設定変更
- □ USBメモリにデータを保存する
- □ GPSデータを表示するときにはQGISがお勧め

キーワード：シリアル通信

　本章では，ラズベリー・パイとGPS受信モジュールをUART通信で接続して，位置情報などの文字列を受け取るプログラムを作成します．緯度や経度をキャラクタ・ディスプレイに表示して，その他のGPS情報とともにUSBメモリに記録します．**写真16-1**のようにケースに仮止めして，モバイル・バッテリで外に持ち出してみましょう．

16-1 ラズベリー・パイとGPS受信モジュールの接続

　ラズベリー・パイは，デフォルトではUARTがシリアル・コンソールやBluetoothに設定されているため，外部機器とUART通信するためにはラズベリー・パイの設定を変更する必要があります．コマンドラインで変更するのがRaspbian風ですが，テキスト・ファイルなのでマイクロSDカードを取り出してパソコン上で設定ファイルを編集します．

　パソコンに挿入したときに，ドライブ番号は異なると思いますが，**図16-1**のようにフォーマットを促すメッセージが表示されるので，［キャンセル］ボタンを押してください．編集するファイルは，bootフォルダのcmdline.txtとconfig.txtです．編集する前に，それぞれ名前を変えたコピーを作っておくと，失敗しても元に戻れるので安心です．

　ワードパッドでcmdline.txtを開くと**図16-2**のように表示されるので，［console=serial0,115200］を削除して上書き保存してください．削除すると，**図16-3**のようになります．

　次に，config.txtを開いてファイルの一番下までスクロールします．**図16-4**のように表示されるので，

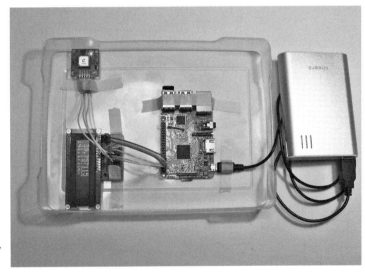

写真16-1　ラズベリー・パイとモバイル・バッテリで動作させたGPS受信モジュール

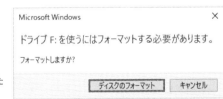

図16-1　パソコンにマイクロSDカードを挿入したときに表示されるメッセージ

図16-2　cmdline.txt

図16-3　指定部分削除後のcmdline.txt

図16-4　config.txtの末尾部分

図16-5　追記後のconfig.txt

次の2行，［enable_uart=1］と［dtoverlay=pi3-miniuart-bt］を追記して上書き保存します．追記すると図**16-5**のようになり，マイクロSDカードをラズベリー・パイに戻すとUART通信ができるようになっているはずです．

　データの記録には，OSが記録されているマイクロSDカードを使うこともできますが，USBメモリを使用したほうが安心です．写真**16-2**のような短いタイプが邪魔にならないのでよいと思います．FAT32でフォーマットして，RBP_USBという名前にしました．プログラムを実行するときに指定します．

　GPSは5V電源ですが，I/Oは3.3Vです．キャラクタ・ディスプレイと合わせて図**16-6**のように配線します．

写真16-2　小サイズの
USBメモリ

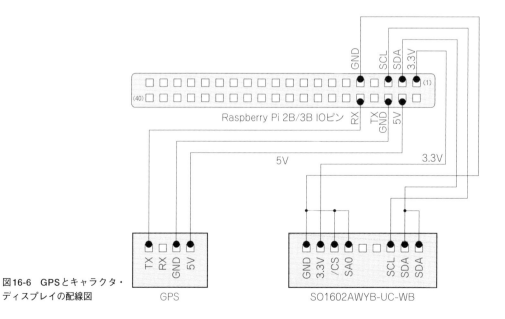

図16-6　GPSとキャラクタ・
ディスプレイの配線図

コラム13　QGIS

　GPSで位置情報を記録し始めると，地図の上に軌跡やポイントを表示したくなると思います．そんなときに便利なのが，オープンソース・ソフトウェアのQGISです．

　図13-Aは，ある年の春の花や残雪の山に向かった筆者の3か月の行動記録です．GISは地図を表示できるようになるまでが少し大変ですが，位置情報に関心のある方にはちょうどよいツールです．ダウンロードはこちらからできます．

https://www.qgis.org/ja/site/

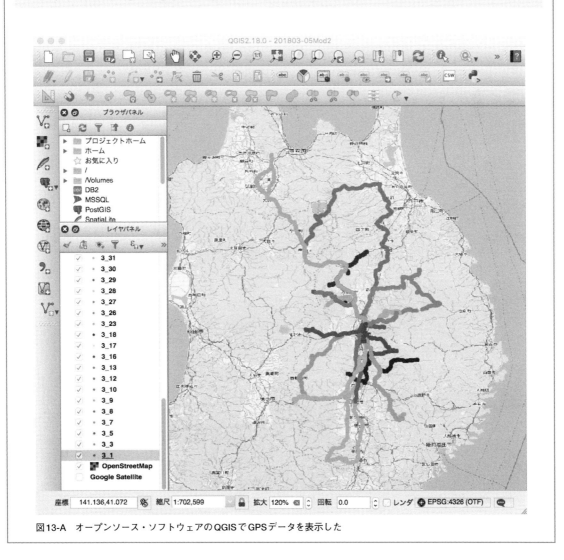

図13-A　オープンソース・ソフトウェアのQGISでGPSデータを表示した

16-2　GPS受信モジュールのプログラム

　図16-7がフロントパネルです．USBメモリの名前を制御器に記入します．制御器を右クリックして Data Operations >> Make Current Values Default を選択します．USBメモリを差し込んだ状態で電源を入れると，自動的に/media/piにマウントされます．

　プログラム内で自動的にGPSという名前のフォルダを作り，GPSで受信した日付でファイル名を作り，1秒ごとにコンマ区切りで追記します．2018年9月18日であれば，次のようになります．

　/media/pi/RBP_USB/GPS/180918.csv

　スタートアップ・アプリケーションにしたときは，ラズベリー・パイの電源が入っている間はプログラムが動き続けるので，シャットダウンしてUSBメモリを取り出します．

　ファイルを表計算アプリケーションで開くと，図16-8のように見えます．A列から日付，時刻，緯度，経度，標高，速度，衛星数です．図16-9のようにGISアプリケーション（QGIS）で軌跡を地図上に表示しましたが，1秒間隔の赤い点が密集して太線のように見えています．

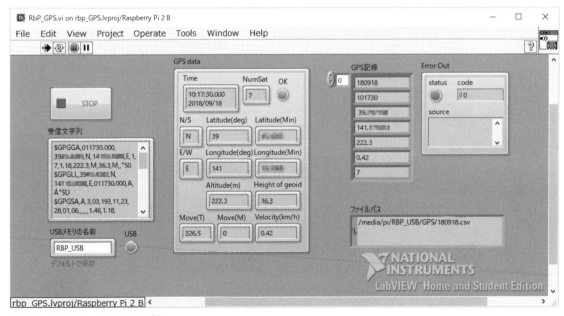

図16-7　RbP_GPS.viのフロントパネル

	A	B	C	D	E	F	G	H
6656	180916	140440	39.752430	141.16173	192.9	56.37	10	
6657	180916	140441	39.752557	141.161808	194	56.71	10	
6658	180916	140442	39.752683	141.161895	194.7	56.77	10	
6659	180916	140443	39.752812	141.161975	195.1	57.82	10	
6660	180916	140444	39.752940	141.162052	195.1	56.92	10	
6661	180916	140445	39.753067	141.162128	194.9	55.48	10	
6662	180916	140446	39.753193	141.162202	195.2	54.47	10	
6663	180916	140447	39.753317	141.162277	195.3	53.33	10	
6664	180916	140448	39.753440	141.162348	195.7	52.37	10	
6665	180916	140449	39.753562	141.162413	196.2	50.61	10	
6666	180916	140450	39.753672	141.162477	196.2	46.83	10	
6667	180916	140451	39.753777	141.162535	196.6	43.83	10	
6668	180916	140452	39.753872	141.162588	196.9	40.06	11	
6669	180916	140453	39.753962	141.162628	196.2	36.89	11	
6670	180916	140454	39.754037	141.162667	195.9	32.07	11	
6671	180916	140455	39.754108	141.162703	195.9	30.35	11	
6672	180916	140456	39.754177	141.16274	196	28.73	11	
6673	180916	140457	39.754240	141.162775	196.2	26.13	11	
6674	180916	140458	39.754303	141.162807	196.8	25.59	11	
6675	180916	140459	39.754367	141.16284	197	27.41	11	
6676	180916	140500	39.754433	141.162877	197	29.47	11	
6677	180916	140501	39.754505	141.16292	197.5	32.54	11	

図16-8　記録されているデータ

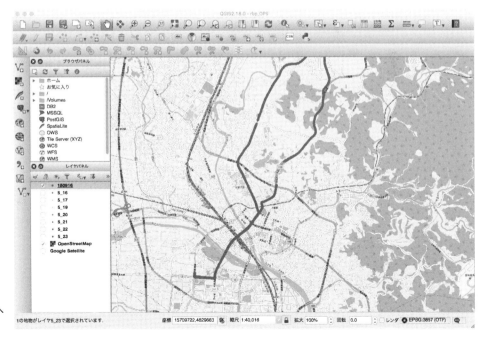

図16-9　地図上への表示（QGIS）

●ダイアグラムの説明

　メインVIのダイアグラムは，**図16-10**です．第11章のVIをベースにして，キャラクタ・ディスプレイとファイルへのデータ記録を追加しました．キャラクタ・ディスプレイについては，第7章と第14章を参照してください．

　プロジェクト・エクスプローラ（**図16-11**）にはたくさんのサブVIが連なっていますが，ほとんど作成済みのサブVIを使ったので，新たに作成したサブVIは2個です．GPSで受信した文字列から必要なデータを取り出してGPS dataというクラスタを作成するsub_GPS_string.viは，第11章で作成しました．第11章では時差の補正をsub_GPS_string.viで行いましたが，ここでは**図16-12**のsub_GPS_Display.viを作成してその中で行うことにしました．少しややこしいのですが，ラズベリー・パイのランタイム・エンジンで動作しているタイムスタンプ・データをPCのLabVIEWのタイムスタンプ表示器で表示させるとPCの表示だけ9時間加算されてしまうのです．LabVIEWではタイムスタンプ・データはUTCを基準にしていて，タイムスタンプ表示器は自動的にタイム・ゾーンを反映させていることが原因だろうと思います．

　緯度，経度は小数で表記しました．USBメモリに記録する項目を，文字列の1次元配列にして出力します．

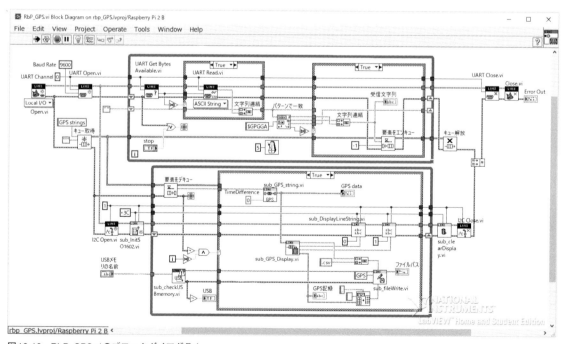

図16-10　RbP_GPS.viのブロックダイアグラム

図16-11　プロジェクト・
エクスプローラの表示

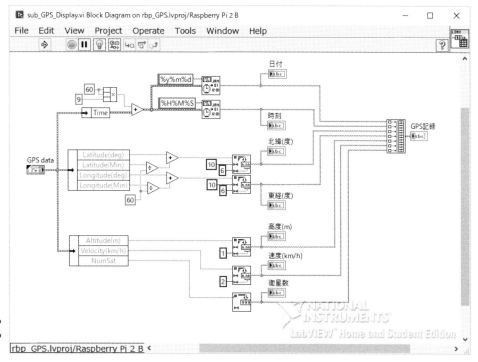

図16-12　記録する
データを整理する
サブVI

USBメモリはパソコンではドライブとして扱われますが,Raspbianでは単なるフォルダとして扱われるようです.USBメモリが接続されていないときにデータを保存すると,/media/piに同じ名前のフォルダが作られてしまうので,混乱のもとになります.**図16-13**のsub_checkUSBmemory.viは,USBメモリの有無を確認するサブVIです.USBメモリが接続されているときだけ記録するようにしました.

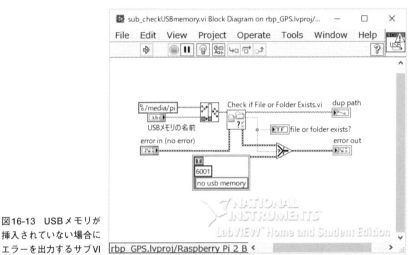

図16-13 USBメモリが
挿入されていない場合に
エラーを出力するサブVI

第17章

ラズベリー・パイでミニサーモグラフィを作る

▶ **本章のポイント** ◀

- ☐ LabVIEW Webサービス
- ☐ グローバル変数
- ☐ HTTP Method VI，XML，JSON
- ☐ Data Dashboard
- ☐ JavaScript，jQuery，Ajax
- キーワード：Webサーバ，データ・ダッシュボード

　本章では，8×8画素の赤外線温度センサ(**写真17-1**)をラズベリー・パイに接続し，測定したデータを表示するプログラムを作成します．センサからのデータ取り込みは，第10章で作ったサブVIを使用して問題がありません．スタンドアロン・アプリケーションでデータを表示する方法として，LabVIEW Webサービスを使った2種類の方法を提案します．

17-1 ラズベリー・パイと赤外線温度センサの接続と表示方法

　測定したデータを表示する方法として簡単なのは，iOSやAndroidのタブレット用のデータ・ダッシュ
ボードを使う方法です（**写真17-2**）．もう1つは，計測からは少し縁遠い分野ですが，Webブラウザで
表示と制御を行う方法です（**図17-1**）．HTML，JavaScript，jQuery，Ajaxなどに少しでも興味のある
方にお勧めです．

　8×8画素の赤外線温度センサ（Grid Eye）は，3.3V系なのでワイヤを4本接続するだけで完了です（**図
17-2**）．

写真17-1　8×8画素の赤外線温度センサ
（AMG8833 Grid Eye）

写真17-2　データ・ダッシュボードで
iPadにデータ表示する

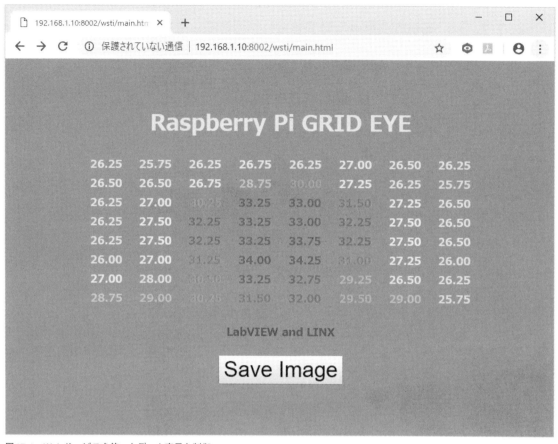

図17-1　Webサービスを使ったデータ表示と制御

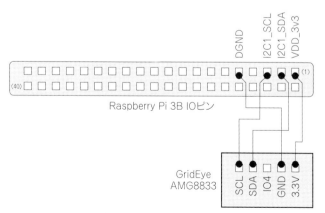

図17-2　AMG8833モジュールの配線図

17-2 赤外線温度センサで測定した温度データを表示させるプログラム

図**17-3**は，赤外線温度センサで測定した温度データを表示させるプログラムSimpleRbP_GridEye.vi
を実行中のフロントパネルです．見た目は，第10章のgridEye.viとほぼ同じです．IPアドレスなどを
登録することによって，冒頭に紹介した**写真17-2**のようにiPadのデータ・ダッシュボードに最高温度
を表示させることができます．

測定値は，設定した時間間隔で自動的に更新されます．モニタ，キーボード，マウスがない状態でス
タンドアロンで実行させておいて，必要なときにiPadで温度をチェックするといった使いかたができ
ます．

●ブロックダイアグラムの説明

第10章で作成したgridEye.viのopen.viをSerialからLocal I/Oに変更して，I²Cチャネルを1に変更す
るだけで動くはずです．図**17-4**は，データ・ダッシュボードで表示したり制御するために，Webサー
ビスを追加したプログラムSimpleRbP_GridEye.viです．

［最高温度（℃）］データをLabVIEW Webサービスに渡すために，グローバル変数を使用しています．
グローバル変数はフロントパネルだけがある特殊なVIで，複数のVI間でデータを受け渡すために使わ

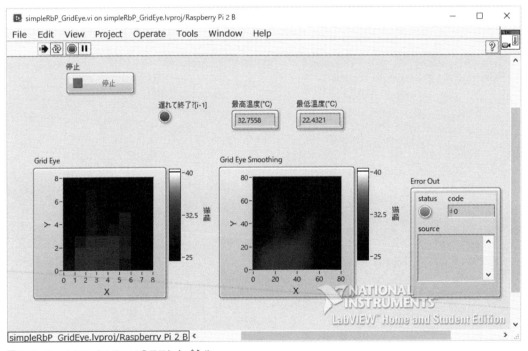

図17-3 SimpleRbP_GridEye.viのフロントパネル

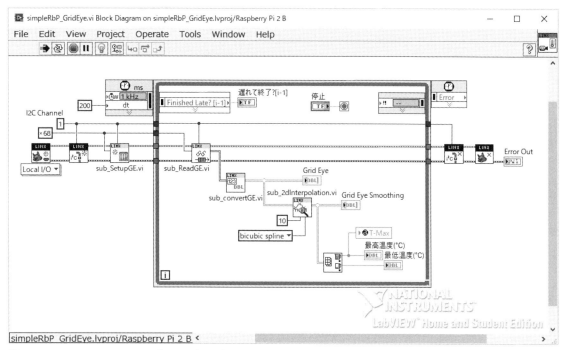

図17-4　SimpleRbP_GridEye.viのブロックダイアグラム

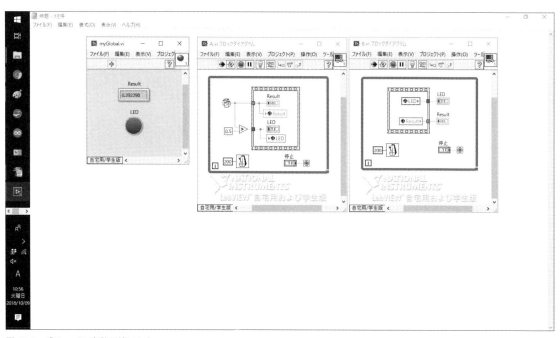

図17-5　グローバル変数の使いかた

れます.

図17-5は，グローバル変数myGlobal.viにA.viで書き込みを行って，B.viで読み取りを行う例です.
LabVIEWのプログラミングは，ワイヤと端子を通してデータが移動するデータフローで成り立っていま
すが，グローバル変数はワープするかのようにデータが移動するので，注意して使わないとバグの元に
なります.グローバル変数は，**図17-6**のように関数パレットのStructureパレットから取り出します.

図17-7がプロジェクト・エクスプローラですが，simpleRbP_GridEye.viの下にwsというWebサー
ビスがあります.ウェブリソースの下のHTTP_Temp.vi（GET）がWebサービスVIです.制御器や表
示器を配置して端子に接続することで，GETやPOSTなどHTTPメソッドへの応答を行います（**図
17-8**）.simpleRbP_GridEye.viとの連携は，**図17-9**のようにグローバル変数をとおして行います.

Webサービスの［ws］を右クリックして，［Properties］を開きます.［HTTP Method VI Settings］タ
ブを表示すると，**図17-10**のようにデータを出力するフォーマットを選ぶことができます.データ・ダッ
シュボードで連携するときには，デフォルトの［XML］にします.アクセスするときのURLも確認して
おきます.

Webサービスの［ws］を右クリックして開始を選択すると，Webサービスが開始します（**図17-11**）.

新しいプロジェクトでWebサービスを作るときには，ターゲットを右クリックして［New］から［ウェ
ブサービス］を選択します（**図17-12**）.新しいWebサービスVIは，［ウェブリソース］を右クリックして
［新規VI］を選択します（**図17-13**）.

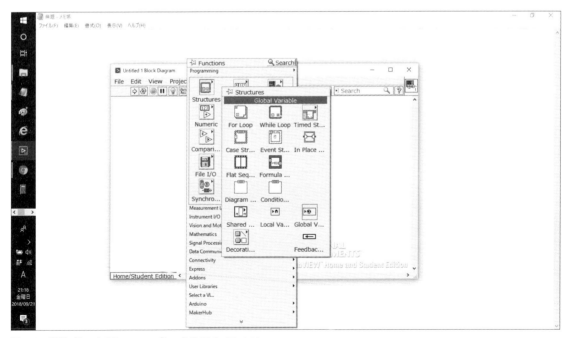

図17-6 関数パレットのStructureパレットのGlobal Variable

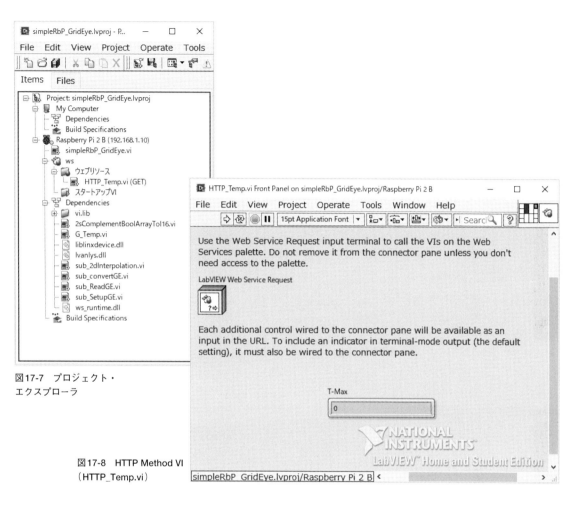

図17-7　プロジェクト・
エクスプローラ

図17-8　HTTP Method VI
（HTTP_Temp.vi）

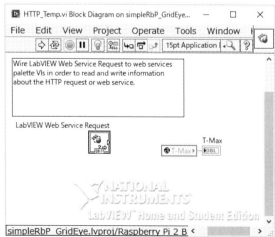

図17-9　HTTP_Temp.viの
ブロックダイアグラム

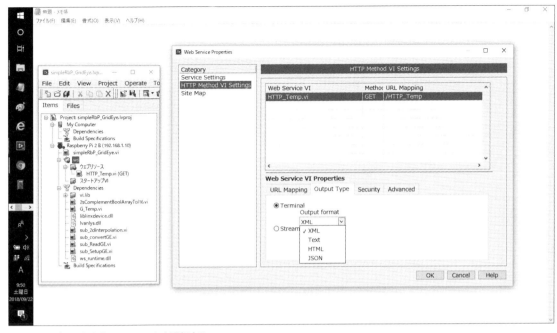

図17-10 データを出力フォーマットを選択する

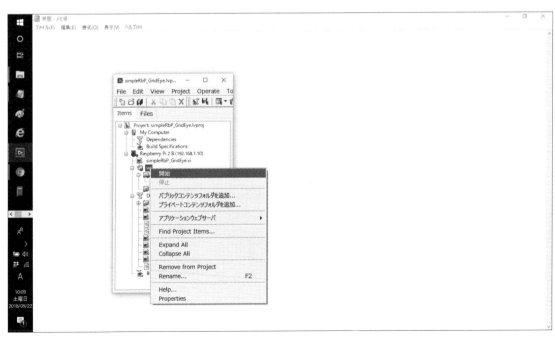

図17-11 Webサービスを開始する

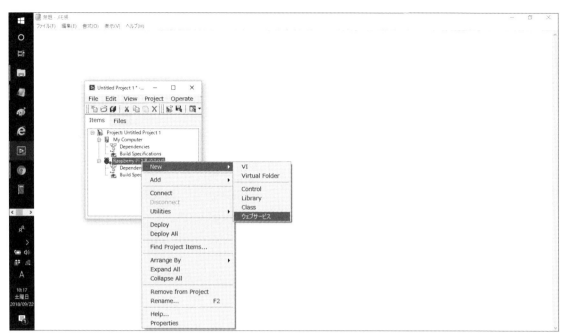

図17-12　新しいプロジェクトでWebサービスを作成する

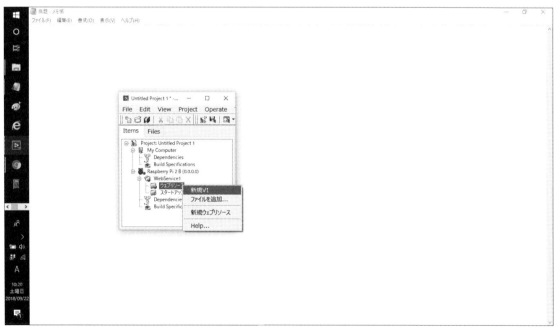

図17-13　HTTP Method VIを作成する

写真17-3　Poll Web Service

写真17-4　ラズベリー・パイのIPアドレスとPort番号を入力

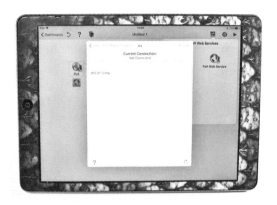

写真17-5　サービス名［ws］とURL Mapping［HTTP_Temp］を選択

写真17-6　Pollアイコンに［T-Max］が表示される

写真17-7　表示器の選択

写真17-8　数値選択後の画面

Data Dashboard for LabVIEWをiPadまたはAndroidタブレットにインストールします．Paletteをタップして LabVIEW Web Servicesの[Poll Web Service]をドラッグ＆ドロップします（**写真17-3**）．[Poll]アイコンをタップして，ラズベリー・パイのIPアドレスとPort番号を入力します（**写真17-4**）．サービス名[ws]とURL Mapping[HTTP_Temp]を選択します（**写真17-5**）．

　[Poll]アイコンに，**写真17-6**のように[T-Max]が現れます．タップすると，**写真17-7**のように数値，ゲージ，チャート表示器が現れるので，数値を選択します（**写真17-8**）．画面右上の開始アイコンをタップすると，最高温度を表示し始めます（**写真17-9**）．画面に数値表示器が1個では寂しいので，**写真17-2**は写真とテキストを追加しました．NIのサイトに「Data Dashboard for LabVIEW スタートアップガイド」があるので，必要に応じて参照してください．

　ブラウザでも温度を表示できることを確認しておきましょう．IPアドレスのあとにポート番号を記入して，サービス名[ws]とURL Mapping[HTTP_Temp]を入力します．

　　http://192.168.1.10:8001/ws/HTTP_Temp

　[Enter]ボタンを押すと，**図17-14**のようにXML形式で表示されます．ブラウザの[更新]ボタンが押されるごとにデータが更新されます．Data Dashboard for labVIEWでは，データを見やすく配置して定期的に更新されるので便利です．

写真17-9　最高温度を
表示開始する

図17-14　ブラウザでも温
度を表示する

17-3 ブラウザへのデータ表示と熱画像の保存を行うプログラム

　図17-15に示したRbP_GridEye.viが，ブラウザへのデータ表示とブラウザに配置したボタンから熱画像の保存を行うプログラムです．8×8の2次元配列の数値データ［T-array］と256色の擬似カラー・データ［C-array］をグローバル変数に書き込みます．熱画像［2D picture］をブラウザのボタンの入力で保存する［save］ボタンも，グローバル変数から制御されます．ブラウザでアクセスした状態は，冒頭に紹介した図17-1です．

●ブロックダイアグラムの説明

　図17-16が，RbP_GridEye.viのブロックダイアグラムです．込み入ったダイアグラムに見えますが，強度グラフで8×8画素やスムージングした画像を表示するところは第10章のダイアグラムと同じです．

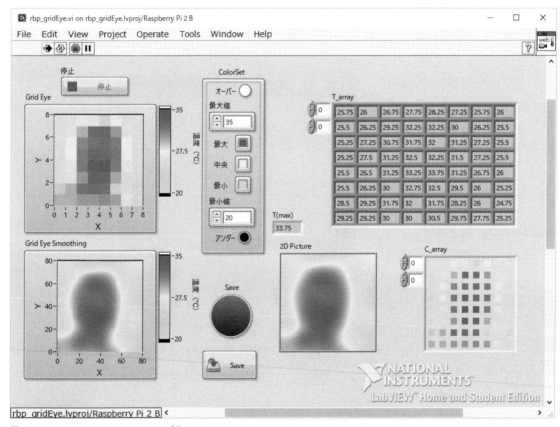

図17-15　RbP_GridEye.viのフロントパネル

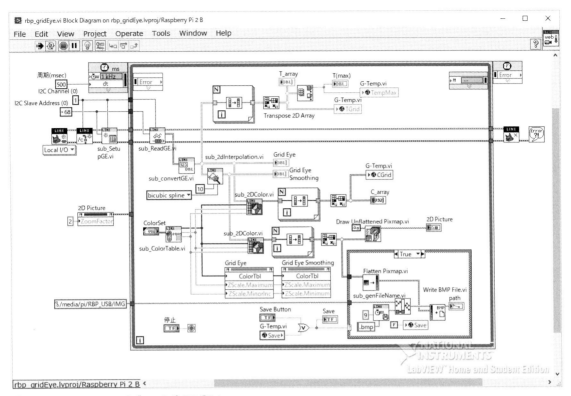

図17-16　RbP_GridEye.viのブロックダイアグラム

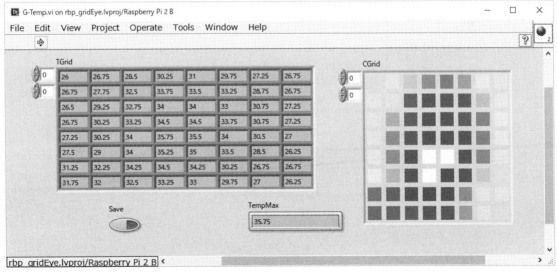

図17-17　グローバル変数G-Temp.vi

Webサービスにデータを渡すために，4個の制御器が配置されたグローバル変数G-Temp.vi（**図17-17**）がWriteやReadとして使われていることを確認してください.

第10章ではIMAQ関数を使って動画を保存しましたが，ラズベリー・パイのリアルタイム・アプリケーションではIMAQ関数は使えませんでした．ピクチャ関数もいくつか使えない関数もありましたが，ビットマップ形式で画像を保存する関数は使うことができるので，熱画像をビットマップでUSBメモリに保存することにしました.

熱画像は，カラー・テーブルを使って温度の値と表示する色を対応させています．カラー・テーブルを作るVIはsub_ColorTable.vi（**図17-18**）ですが，24ビット・カラーから256色選んで使うことができます．sub_2DColor.vi（**図17-19**）は，2次元配列で与えられる温度データにカラー・テーブルから24ビット・カラーを割り当てるVIです.

フロントパネルの[Save]ボタンが押されるか，グローバル変数の[Save]が[True]になったときに，ケース・ストラクチャの[True]ケースが実行され，時刻からファイル名を生成して熱画像をUSBメモリに保存します．USBメモリは，あらかじめRBP_USBという名前にして，IMGというフォルダを作成しておきます.

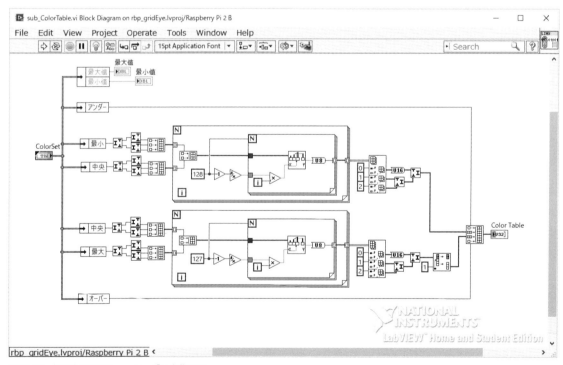

図17-18　熱画像用のカラー・テーブルを作るVI

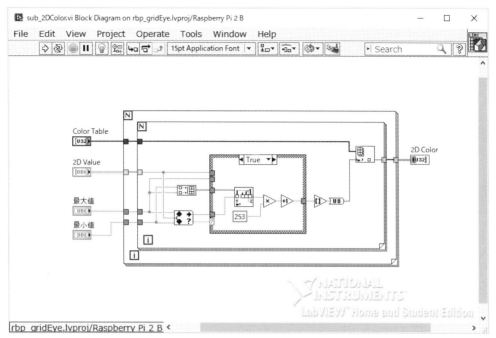

図17-19　カラー・テーブルで温度データに24ビット・カラーを割り当てるVI

17-4　Webサービスのプログラム

　プロジェクト・エクスプローラ（**図17-20**）でWebサービス［wsti］を作成しました．WebサービスVI
は，データ表示のためのHTTP-Temp.viとボタンが押されたときにブール値を受け取るHTTP-Save.vi
です．HTTP-Temp.viのフロントパネルは**図17-21**，ブロックダイアグラムは**図17-22**です．

　2次元配列の温度値TGridは，8行8列の数値を画面に整然と表示したいので，小数点2桁の文字列に
しました．2次元配列の24ビット・カラー値CGridは，HTMLでの色指定に合わせて，各色16進数で
#RRGGBBとなる文字列に変換しました．HTTP-Save.viのフロントパネルは**図17-23**，ブロックダイア
グラムは**図17-24**です．Webサービスのプロパティでは，HTTP-Temp.viとHTTP-Save.viのアウトプッ
ト・タイプをJSON（JavaScript Object Notation）にします（**図17-25**）．

●HTMLとJavaScriptとjQueryとAjax

　Webサービス［wsti］を右クリックして開始を選択すると，Webサービスが開始されます．Webブラ
ウザでアクセスすると，**図17-26**のように表示されます．［更新］ボタンを押すと値が更新されますが，
毎回ボタンを押すのは面倒なのでサーバ側でWebページを更新するしくみを作ります．

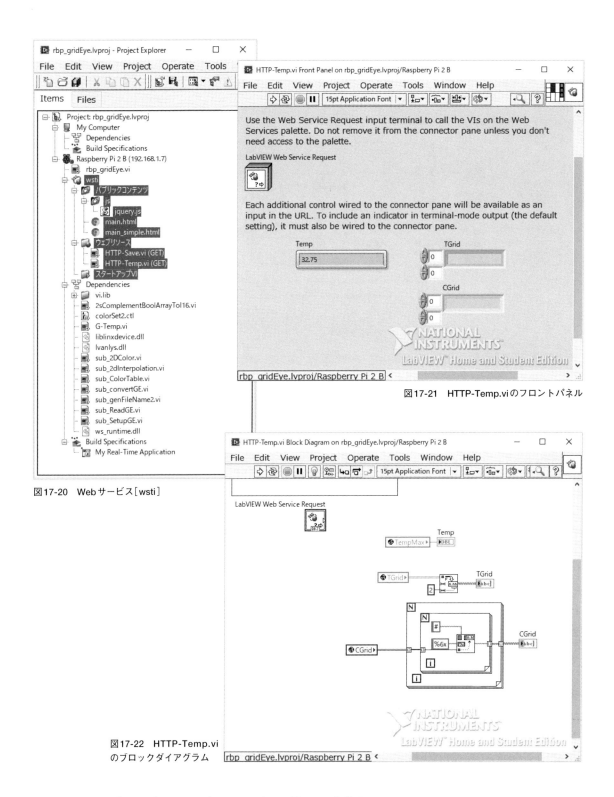

図17-20　Webサービス[wsti]

図17-21　HTTP-Temp.viのフロントパネル

図17-22　HTTP-Temp.vi
のブロックダイアグラム

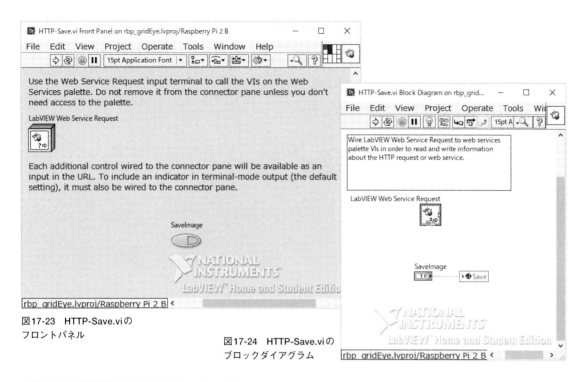

図17-23　HTTP-Save.viの
フロントパネル

図17-24　HTTP-Save.viの
ブロックダイアグラム

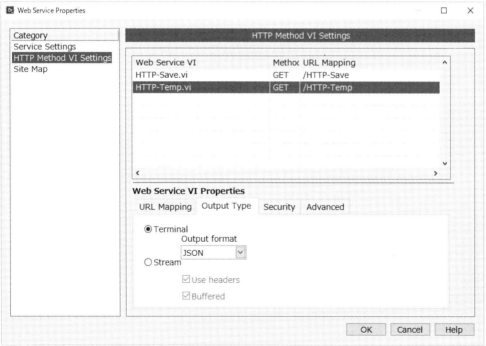

図17-25　Webサービスの出力フォーマットをJASONに設定する

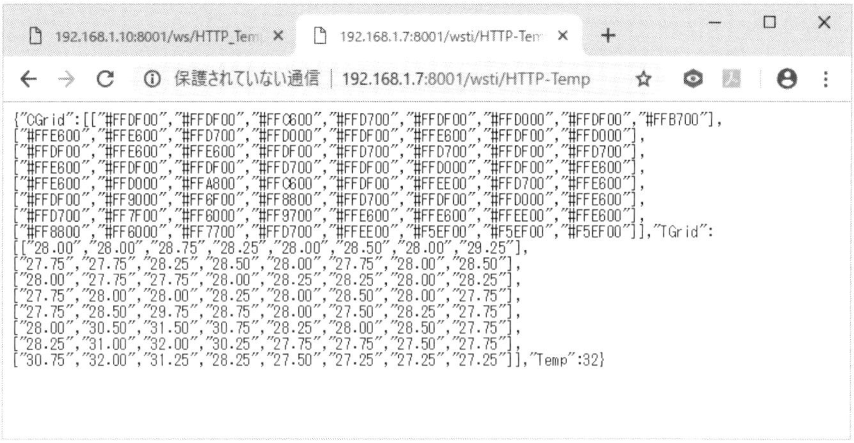

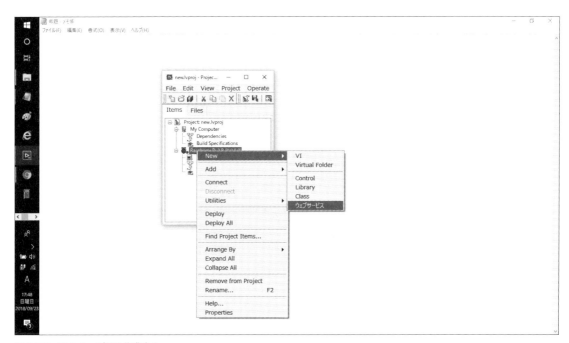

192.168.1.10:8001/ws/HTTP_Tem
192.168.1.7:8001/wsti/HTTP-Tem
保護されていない通信 | 192.168.1.7:8001/wsti/HTTP-Temp
{"CGrid":[["#FFDF00","#FFDF00","#FFC600","#FFD700","#FFDF00","#FFD000","#FFDF00","#FFB700"],
["#FFE600","#FFE600","#FFD700","#FFD000","#FFDF00","#FFE600","#FFDF00","#FFD000"],
["#FFDF00","#FFE600","#FFE600","#FFDF00","#FFD700","#FFD700","#FFDF00","#FFD700"],
["#FFE600","#FFDF00","#FFDF00","#FFD700","#FFDF00","#FFD000","#FFDF00","#FFE600"],
["#FFE600","#FFD000","#FFA800","#FFC600","#FFDF00","#FFEE00","#FFD700","#FFE600"],
["#FFDF00","#FF9000","#FF6F00","#FF8800","#FFD700","#FFDF00","#FFD000","#FFE600"],
["#FFD700","#FF7F00","#FF6000","#FF9700","#FFE600","#FFE600","#FFEE00","#FFE600"],
["#FF8800","#FF6000","#FF7700","#FFD700","#FFEE00","#F5EF00","#F5EF00","#F5EF00"]],"TGrid":
[["28.00","28.00","28.75","28.25","28.00","28.50","28.00","29.25"],
["27.75","27.75","28.25","28.50","28.00","27.75","28.00","28.50"],
["28.00","27.75","27.75","28.00","28.25","28.25","28.00","28.25"],
["27.75","28.00","28.00","28.25","28.00","28.50","28.00","27.75"],
["27.75","28.50","29.75","28.75","28.00","27.50","28.25","27.75"],
["28.00","30.50","31.50","30.75","28.25","28.00","28.50","27.75"],
["28.25","31.00","32.00","30.25","27.75","27.75","27.50","27.75"],
["30.75","32.00","31.25","28.25","27.50","27.25","27.25","27.25"]],"Temp":32}

図17-26 Webブラウザでの表示

new.lvproj - Projec...
File Edit View Project Operate
Items Files
Project: new.lvproj
My Computer
Dependencies
Build Specifications
New
Add
Connect
Disconnect
Utilities
Deploy
Deploy All
Find Project Items...
Arrange By
Expand All
Collapse All
Remove from Project
Rename... F2
Help...
Properties
VI
Virtual Folder
Control
Library
Class
ウェブサービス
17:48
日曜日
2018/09/23

図17-27 Webサービスを作成する

図17-20を見返していただくと，Webサービスにはパブリック・コンテンツという項目があります．そして，main.htmlとmain_simple.htmlというファイルとjsフォルダにjquery.jsというファイルが登録されています．jquery.jsは，jQueryというJavaScriptのライブラリです．jQueryを使うことによって，簡単に動的なウェブを作ることができます．

Webサービスにパブリック・コンテンツを追加する方法について簡単に説明します．まず，プログラ

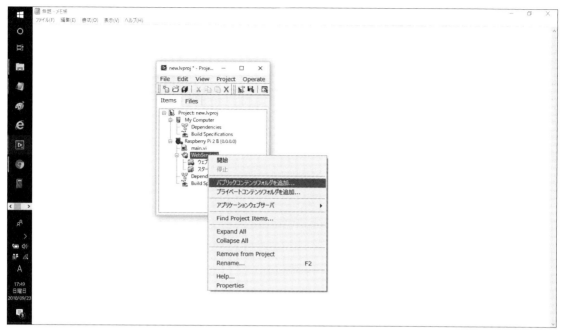

図17-28 「パブリックコンテンツフォルダを追加...」を選択する

ムを作成しているメインVIが置かれているフォルダにwwwという名前のフォルダを作り，jquery.jsが入ったjsフォルダをコピーします．wwwフォルダに，main.htmlファイルを作成します．

図17-27のようにWebサービスを作ります．Webサービスを右クリックし，［パブリックコンテンツフォルダを追加...］を選択します（図17-28）．図17-29のように，先ほど作成したwwwフォルダを選択すると，Webサービスにパブリック・コンテンツが追加されます（図17-30）．

HTMLファイルには，最終的に使用するmain.htmlのほかに要点だけを簡潔に説明するためにmain_simple.htmlというファイルを用意しました．

まず，main_simple.htmlファイルで最高温度と［SAVE］ボタンを表示する方法について説明します（図17-31）．3行目から27行目までがJavaScriptの記述です．ブラウザに実際に表示されるbody部分は，29行目から32行目までです．30行目のTMAXが温度表示に置き換わってブラウザの1行目に表示します．31行目は［Save Image］と書かれたボタンをブラウザに表示します．

3行目ではjsフォルダのjquery.jsを使うということを書いています．9行目から18行目までで1秒ごとにHTTP-Temp.viからJSON形式のデータを取得します．7行目でデータの中のTempに入っている数値をテキストに変えて℃を追加して30行目のTMAXと置き換えます．19行目から25行目でボタンがクリックされたらHTTP-Save.viのSaveImageを1にします．

IPアドレス部分は環境によって異なりますが，Webブラウザでhttp://192.168.1.7:8001/wsti/main_simple.htmlにアクセスすると，最高温度とボタンだけが表示されると思います．データ・ダッシュボー

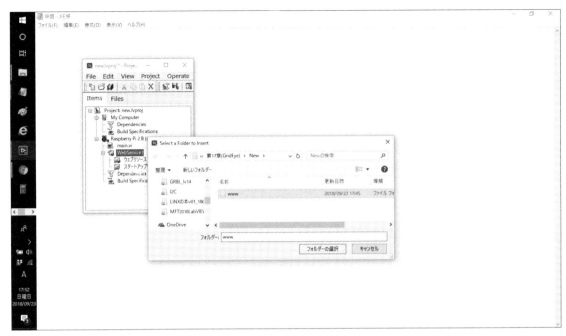

図17-29　フォルダを選択する

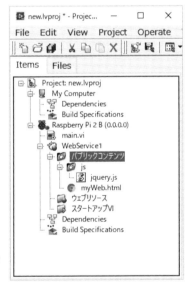

図17-30　Webサービスへパブ
リックコンテンツを追加する

ドのように，自動的に値が更新されるので便利です．

　main.htmlでは，8行8列で64個のデータを表示します．縦横をそろえるためにHTMLのテーブルを
使用しました．HTMLのテーブルは，1個のセルの開始が\<td\>で，終了が\</td\>です．横1行の開始

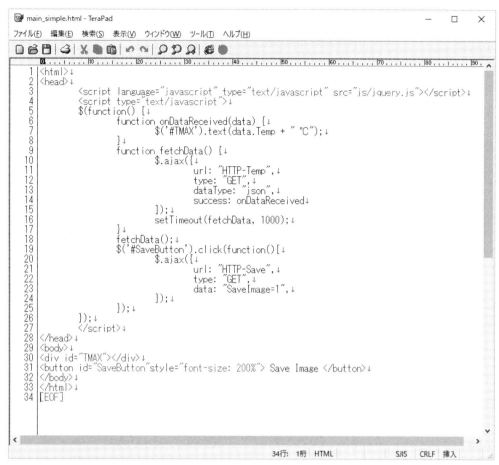

図17-31 main_simple.html ファイル

が`<tr>`で，終了が`</tr>`です．テーブルの開始が`<table>`で，終了が`</table>`です．セルの中身は JavaScriptで書き換えるので，`<div id="T00"></div>` のようにidを付けます．

図17-32の120行以下がテーブルです．idは配列と対応するように，$T[x][y]$であればTxyとしました．**図17-33**の10行以下がデータを表示するスクリプトです．配列要素の指定は$data.TGrid[x][y]$です．文字の色は`.css("color","#RRGGBB")`で指定できるので，以下のようにセルごとに対応する要素でスクリプトを記述します．

```
$('#T00').text(data.TGrid[0][0]).css("color",data.CGrid[0][0]);
```

64個のデータなので長くなりますが，変更は指標部分だけになります．ページの背景色やタイトルなどが追加されていますが，Ajaxでのデータの読み書きなどはmain_simple.htmlと同じです．

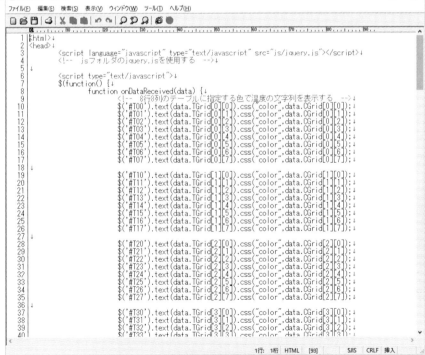

図17-32 main.htmlファイルのTable部分

```
100                                    url: "HTTP-Save",
101                                    type: "GET",
102                                    data: "SaveImage=1",
103                                    //dataType: "json",
104                                    //success: onDataReceived
105                              ]);
106                        ]);
107
108
109            ]);
110        </script>
111 </head>
112 <body bgcolor="#00C0C0" topmargin="70">
113
114 <div align="center">
115 <h1><font color="#00ffff" >Rasnberry Pi GRID EYE  </h1>
116 </div>
117
118
119 <!-- 8行8列のテーブルを作成する  -->
120 <table border="0" width="600" align="center" style="font-size: 100%" align="right" >
121
122 <tr><th><div id="T00"  ></div></th><th><div id="T01"></div></th><th><div id="T02"></div></th>
123 <th><div id="T03"></div></th><th><div id="T04"  ></div></th><th><div id="T05"></div></th><th>
124 <div id="T06"></div></th><th><div id="T07"></div></th></tr>
125
126 <tr><th><div id="T10"  ></div></th><th><div id="T11"></div></th><th><div id="T12"></div></th>
127 <th><div id="T13"></div></th><th><div id="T14"  ></div></th><th><div id="T15"></div></th><th>
128 <div id="T16"></div></th><th><div id="T17"></div></th></tr>
129
130 <tr><th><div id="T20"  ></div></th><th><div id="T21"></div></th><th><div id="T22"></div></th>
131 <th><div id="T23"></div></th><th><div id="T24"  ></div></th><th><div id="T25"></div></th><th>
132 <div id="T26"></div></th><th><div id="T27"></div></th></tr>
133
134 <tr><th><div id="T30"  ></div></th><th><div id="T31"></div></th><th><div id="T32"></div></th>
135 <th><div id="T33"></div></th><th><div id="T34"  ></div></th><th><div id="T35"></div></th><th>
136 <div id="T36"></div></th><th><div id="T37"></div></th></tr>
137
138 <tr><th><div id="T40"  ></div></th><th><div id="T41"></div></th><th><div id="T42"></div></th>
139 <th><div id="T43"></div></th><th><div id="T44" ...
```

図17-33 データを表示するスクリプト

```
1 <html>
2 <head>
3    <script language="javascript" type="text/javascript" src="js/jquery.js"></script>
4    <!-- jsフォルダのjquery.jsを使用する  -->
5
6    <script type="text/javascript">
7    $(function() {
8         function onDataReceived(data) {
9             <!-- 8行8列のテーブルに指定する色で温度の文字列を表示する  -->
10            $('#T00').text(data.TGrid[0][0]).css("color",data.CGrid[0][0]);
11            $('#T01').text(data.TGrid[0][1]).css("color",data.CGrid[0][1]);
12            $('#T02').text(data.TGrid[0][2]).css("color",data.CGrid[0][2]);
13            $('#T03').text(data.TGrid[0][3]).css("color",data.CGrid[0][3]);
14            $('#T04').text(data.TGrid[0][4]).css("color",data.CGrid[0][4]);
15            $('#T05').text(data.TGrid[0][5]).css("color",data.CGrid[0][5]);
16            $('#T06').text(data.TGrid[0][6]).css("color",data.CGrid[0][6]);
17            $('#T07').text(data.TGrid[0][7]).css("color",data.CGrid[0][7]);
18
19            $('#T10').text(data.TGrid[1][0]).css("color",data.CGrid[1][0]);
20            $('#T11').text(data.TGrid[1][1]).css("color",data.CGrid[1][1]);
21            $('#T12').text(data.TGrid[1][2]).css("color",data.CGrid[1][2]);
22            $('#T13').text(data.TGrid[1][3]).css("color",data.CGrid[1][3]);
23            $('#T14').text(data.TGrid[1][4]).css("color",data.CGrid[1][4]);
24            $('#T15').text(data.TGrid[1][5]).css("color",data.CGrid[1][5]);
25            $('#T16').text(data.TGrid[1][6]).css("color",data.CGrid[1][6]);
26            $('#T17').text(data.TGrid[1][7]).css("color",data.CGrid[1][7]);
27
28            $('#T20').text(data.TGrid[2][0]).css("color",data.CGrid[2][0]);
29            $('#T21').text(data.TGrid[2][1]).css("color",data.CGrid[2][1]);
30            $('#T22').text(data.TGrid[2][2]).css("color",data.CGrid[2][2]);
31            $('#T23').text(data.TGrid[2][3]).css("color",data.CGrid[2][3]);
32            $('#T24').text(data.TGrid[2][4]).css("color",data.CGrid[2][4]);
33            $('#T25').text(data.TGrid[2][5]).css("color",data.CGrid[2][5]);
34            $('#T26').text(data.TGrid[2][6]).css("color",data.CGrid[2][6]);
35            $('#T27').text(data.TGrid[2][7]).css("color",data.CGrid[2][7]);
36
37            $('#T30').text(data.TGrid[3][0]).css("color",data.CGrid[3][0]);
38            $('#T31').text(data.TGrid[3][1]).css("color",data.CGrid[3][1]);
39            $('#T32').text(data.TGrid[3][2]).css("color",data.CGrid[3][2]);
40            $('#T33').text(data.TGrid[3][3]).css("color",data.CGrid[3][3]);
```

17-5　リアルタイム・アプリケーション

Source Filesタブで Startup VIsに RbP_GridEye.viとともに HTTP-Temp.viと HTTP-Save.viも登録します（**図17-34**）.

Webサービスを行うので，Web Servicesカテゴリでビルドするサービス名［wsti］にチェックを入れます．ポート番号が8002になっていることに注意してください（**図17-35**）.

［My Real-Time Application］を右クリックし，Run as startupでスタンドアロンで動作を始めます．Webサービスの停止はUnset as startupではうまくいかなかったので，回避策として何もしないWebサービスをスタートアップで設定します．第17章のプログラム・フォルダにdoNothingNoWSというプロジェクトを用意しました.

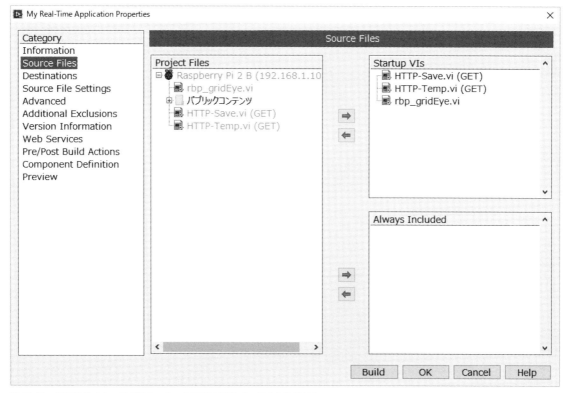

図17-34　リアルタイム・アプリケーションに HTTP Method VI も追加する

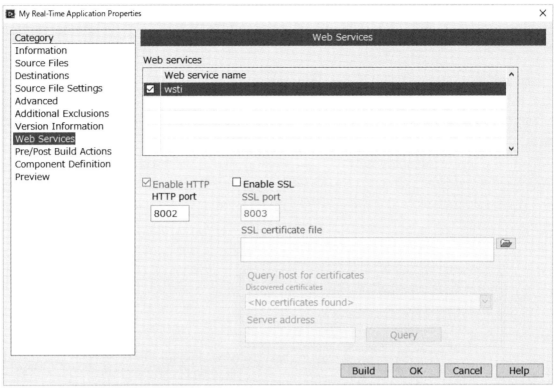

図17-35　Web Servicesカテゴリで Webサービスにチェックを入れる

Appendix 1　本書で作成したプログラム

- RbP_AngleDisplay.vi
- sub_clearDisplay.vi
- sub_DisplayLineString.vi
- sub_InitSO1602.vi
- sub_RotaryEncoder.vi
- sub_selectLine.vi
- sub_Write_CmndChar.vi
- sub_WriteString.vi

── 第15章 ──

〈C15-1-16 ビット AD コンバータ〉
- AD16.lvproj
- AD16bit_ALL_CHsRead_RbP.vi
- AnalogInput_1ch_RbP.vi
- sub_ADS1115_ChSet.vi
- sub_ADS1115_Read.vi
- sub_ADS1115Config.vi
- sub_MCP4725_SetEEPROM.vi
- sub_MCP4725_Write.vi

〈C15-2-DA コンバータ〉
- DA.lvproj
- MCP4725_Adjustable_DC_Out_RbP.vi
- MCP4725_PowerUpVoltage.vi
- MCP4725_Slow_PatternGenerator_RbP.vi

〈C15-3-ウェーブジェネレータ〉
- WaveGenerator.lvproj
- WaveGeneratorAD9833_RbP.vi
- sub_SetAD9833.vi

〈C15-コラム〉
- simpleSerialRead.vi

── 第16章 ──

〈C16-1-RbP_simple_serial〉
- RbP_simple_serial.lvproj
- simple_serial.vi

〈C16-2-RbP_GPS〉
- rbp_GPS.lvproj
- RbP_GPS.vi
- sub_checkUSBmemory.vi
- sub_clearDisplay.vi
- sub_DisplayLineString.vi

- sub_fileWrite.vi
- sub_GPS_Display.vi
- sub_GPS_string.vi
- sub_InitSO1602.vi
- sub_selectLine.vi
- sub_Write_CmndChar.vi
- sub_WriteString.vi

── 第17章 ──

〈C17-1-SimpleRbP_GridEye〉
- simpleRbP_GridEye.lvproj
- simpleRbP_GridEye.vi
- 2sComplementBoolArrayToI16.vi
- G_Temp.vi
- HTTP_Temp.vi
- sub_2dInterpolation.vi
- sub_convertGE.vi
- sub_ReadGE.vi
- sub_SetupGE.vi

〈C17-2-RbP_GridEye〉
- rbp_gridEye.lvproj
- rbp_gridEye.vi
- 2sComplementBoolArrayToI16.vi
- G-Temp.vi
- HTTP-Save.vi
- HTTP-Temp.vi
- sub_2DColor.vi
- sub_2dInterpolation.vi
- sub_ColorTable.vi
- sub_convertGE.vi
- sub_genFileName.vi
- sub_ReadGE.vi
- sub_SetupGE.vi

〈C17-3-doNothingNoWS〉
- doNothingNoWS.lvproj
- doNothing.vi
- noWS.vi

〈C17-extra-Global〉
- A.vi
- B.vi
- myGlobal.vi

本文では解説していませんが，以下は LabVIEW ＋ LINX 開発の参考にしてください．本書付属 CD-ROM に収録しています．

●サブ vi 利用のメリット

第 5 章の脈拍記録 .vi は 2 個のサブ vi を使っているので画面に収まっていますが，サブ vi を使わないと脈拍記録 noSubVI.vi のように画面からはみ出してプログラムの全体像が見えなくなってしまいます．以下の"LabVIEW スタイル・チェック・リスト"を参考にしてください．

LabVIEW ヘルプ > 基本機能 > アプリケーション開発と設計ガイドライン > 概念 >LabVIEW スタイル・チェック・リスト

〈Chapter 05〉
• 脈拍記録 noSubVI.vi

● vi ファイルの位置を調べる

LabVIEW の vi ファイルがラズベリー・パイのファイル・システムのどこに保存されているか調べるプログラムです．［Dir to Save］で指定したディレクトリに実行時の vi ファイルのパスがテキスト・ファイルで保存されます．（1）PC から実行した場合，（2）ビルドして実行した場合，（3）スタートアップで実行した場合をそれぞれ実験してみてください．

〈Chapter 13〉
• FileLocation.lvproj
• RbP_FileLoc.vi
• sub_genFileName.vi

● Web ブラウザのスイッチで ON/OFF

MakerHub の Web チュートリアルの「Web Services」のサンプル・プログラムを参考にして作ったラズベリー・パイ用ファイルです．第 13 章の**図 13-19** のように，LED と押しボタン・スイッチを配線すれば，Web ブラウザのスイッチから LED を ON/OFF し，押しボタン・スイッチの状態を Web ブラウザに表示することができます．

〈Chapter 17〉
• wstestRbP.lvproj
• wstest-RbP.vi
• Global 1.vi
• led.vi
• switch.vi

Appendix 2　本書で使用した部品リスト

略号は，Aki：秋月電子通商，Swi：スイッチサイエンス，Ait：aitendo を示します．

──第2章──

- NI LabVIEW Home Edition（Aki：S-11567）（参考）
- ブレッドボード BB-801（Aki：P-05294）
- ミニブレッドボード BB-601（青）（Aki：P-05157）
- ブレッドボード・ジャンパ・ワイヤ（オス-オス）セット各種合計 60 本以上（Aki：C-05159）
- ブレッドボード・ジャンパ・ワイヤ（オス-メス）15cm（白）（10 本入）（Aki：C-08935）

──第3章──

- Arduino Uno R3（Swi：ARDUINO-A000066）
- Arduino Mega 2560 R3（Swi：ARDUINO-A000067）

──第4章──

- 心拍センサ（Swi：SFE-SEN-11574）

──第6章──

- ロータリ・エンコーダ（ノンクリック・タイプ）（Aki：P-06358）
- 3 mm黄緑色 LED 70° OSG8HA3Z74A（Aki：I-11637）
- カーボン抵抗（炭素皮膜抵抗）1/4W 330Ω（100 本入）（Aki：R-25331）
- カーボン抵抗（炭素皮膜抵抗）1/4W 3.3kΩ（100 本入）（Aki：R-25332）

──第7章──

- 有機 EL キャラクタ・ディスプレイ・モジュール，16×2 行，黄色（Aki：P-08278）
- I^2C バス用双方向電圧レベル変換モジュール（PCA9306）（Aki：M-05452）

──第8章──

- MAX31855 使用 K 型熱電対アンプ・モジュール（Aki：M-08218）
- K 型熱電対プローブ（Aki：P-00306）

──第9章──

- BME280 使用 温湿度 / 気圧センサ・モジュール・キット（Aki：K-09421）

- I^{2}C バス用双方向電圧レベル変換モジュール（PCA9306）(Aki：M-05452)

── 第10章 ──

- Conta サーモグラフィー AMG8833 搭載（Swi：SSCI-033954）
- I^{2}C バス用双方向電圧レベル変換モジュール（PCA9306）(Aki：M-05452)

── 第11章 ──

- GPS 受信機キット（1PPS 出力付き，「みちびき」3 機受信対応）(Aki：K-09991)

── 第12章 ──

- Raspberry Pi 2 Model B（Swi：RS-832-6274）
- Raspberry Pi 3 Model B（Swi：RS-122-5826）
- その他（microSD カード，キーボード，マウス，HDMI ディスプレイ，電源，USB メモリ）

── 第13章 ──

- 3mm 黄緑色 LED 70°OSG8HA3Z74A（Aki：I-11637）
- カーボン抵抗（炭素皮膜抵抗）1/4W 330Ω（100 本入）(Aki：R-25331)
- タクト・スイッチ（白）(Aki：P-08074)
- カーボン抵抗（炭素皮膜抵抗）1/4W 3.3kΩ（100 本入）(Aki：R-25332)

── 第14章 ──

- ロータリ・エンコーダ（ノンクリック・タイプ）(Aki：P-06358)
- カーボン抵抗（炭素皮膜抵抗）1/4W 3.3kΩ（100 本入）(Aki：R-25332)
- 有機 EL キャラクタ・ディスプレイ・モジュール，16×2 行，黄色（Aki：P-08278)

── 第15章 ──

- ADS1115 搭載 16 ビット ADC 4CH，可変ゲイン・アンプ付き（Swi：ADA-1085）
- MCP4725 EEPROM 搭載 12 ビット D/A コンバータ・モジュール（Aki：K-08677）
- DDS モジュール AD9833-M（Ait：AD9833-M）

── 第16章 ──

- GPS 受信機キット（1PPS 出力付き，「みちびき」3 機受信対応）(Aki：K-09991)

── 第17章 ──

- Conta サーモグラフィー AMG8833 搭載（Swi：SSCI-033954）

■ あとがき

　筆者は，仕事としてプリンタの商品開発の中でデータ収録や試作機のコントローラの作成などにLabVIEWを使ってきました．各章に挿入したコラムには，LabVIEWユーザとしてプログラムを作ってきて役に立ったと感じた情報を載せています．ぜひ時間を作って，参照先にアクセスしてみてください．

　退職後は，趣味としてLabVIEWホーム版とArduinoを使った電子工作を行っています．Maker Faire Tokyo 2017，2018では，LabVIEWホーム版を使った作品で，来場したメイカーにLabVIEWホーム版の便利さを伝えています．仕事でLabVIEWを使っているときには，企業秘密の壁があってユーザ同士で相談ができなかったのですが，秘密の壁を乗り越えてLabVIEWの話ができるようになれば，楽しいLabVIEW生活が送れるのではないかと思います．LabVIEWホーム版とLINX，そして本書がユーザ同士の潤滑剤の一滴になれば幸いです．

　本書の執筆は，日本LabVIEWユーザ会の渡島浩健会長からの勧めがきっかけで，BeagleBone Blackとラズベリー・パイでのLINXの使い心地を調べることから始まりました．BeagleBone BlackはI/Oのピン数が多くて魅力的に見えたので，互換性があって少し安いBeagleBone Greenも購入しました．ラズベリー・パイも初期型しか持っていなかったので，最新の3B+を購入しました．

　最初に，BeagleBone BlackでLINXを始めようとしましたが，システムで予約されていて実際にはI/Oとして使えないピンが多かったことと，OSのアップデートも必要なので筆者の中で魅力度が減少してしまいました．そこで，ラズベリー・パイの3B+をLINXで動かそうとしましたが，すぐに3B+は標準的な手順では動かないことがわかりました．事前に調べればわかることですが，筆者は手元にモノがないと考え始められないタイプなのです．

　2B/3Bを入手してLINXを始めることができました．LabVIEWのほぼすべての機能をラズベリー・パイで使えることに少し感動して，Arduinoでもラズベリー・パイでも各種の測定に使えて国内のショップで購入しやすいモジュールを選びました．

　モジュールの選定でもっとも難航したのはキャラクタ・ディスプレイで，Arduinoを使ってライブラリを書き終えてからラズベリー・パイにつないでダメ，ということが2回もありました．最終的には，とても使いやすいものを選ぶことができました．Grid Eyeも難航しました．ラズベリー・パイではVision関数が使えないことがわかり，画像を保存する関数はピクチャ関数に変更しました．

　ピクチャ関数でも，画像の保存形式はJPEGやPNGは使えず，BMPにしたところ使えることがわかりました．最初はWebブラウザに画像を表示しようと考えたのですが，良い方法が見つからず，温度値表示に色を付けることにしました．最新の熱画像を更新表示する方法もあると思うのですが，読者の皆様の今後のチャレンジに期待いたします．

　環境センサは，データ変換で難航しました．Arduinoで使うのであればArduinoのライブラリを使って温度，湿度，気圧のデータをシリアルでCOMポートに送り，LabVIEWでシリアルで受け取る方法が手軽で良いと思います．

　こんな感じでLINXを楽しんでいるうちに梅雨が終わり，夏が終わり，高い山に雪が降る時期になってしまいました．最後に，本書執筆のきっかけをいただいた渡島浩健氏，執筆にあたりたいへんお世話になったCQ出版社の今 一義氏，本書の出版にかかわっていただいた方々に感謝いたします．

2020年3月　大橋 康司

索 引

〈著者略歴〉

大橋 康司（おおはし・こうじ）

1953年岩手県生まれ．東北大学大学院修士（物理学）．

プリンタ・メーカーでの研究開発において「技術者の十徳ナイフ」とも言えるLabVIEWに出会い，試作機の制御ツールやメカニズム解明のシミュレーション・ツール，画像解析装置の開発などを経験．現在は，LabVIEWと連携できる低コストで小回りのきくArduinoもツールとして愛用．定年退職後は，計測・解析ラボ代表（岩手県盛岡市・個人事業主）．

※ **LabVIEW**は，ナショナル インスツルメンツの製品です．

ラズパイ×ArduinoでI/O！
LabVIEWコンピュータ・プログラム集　　　　　　　　　　　　　　**CD-ROM付き**

2020年3月10日　初版発行　　　　　　　　　　　　　　　　　　　　　© 大橋 康司 2020
　　　　　　　　　　　　　　　　　　　　　　　　　　　　　　（無断転載を禁じます）

　　　　　　　　　　　　　著　者　　大 橋 康 司
　　　　　　　　　　　　　発行人　　寺 前 裕 司
　　　　　　　　　　　　　発行所　　CQ出版株式会社
　　　　　　　　　　〒112-8619　東京都文京区千石4-29-14
　　　　　　　　　　　　　　　　電話　編集：03-5395-2122
　　　　　　　　　　　　　　　　　　　広告：03-5395-2131
ISBN978-4-7898-3869-6　　　　　　　　　営業：03-5395-2141

定価はカバーに表示してあります　　　　　　　　　　　編集担当者　今 一義
乱丁，落丁本はお取り替えします　　　　　　　　　　　　DTP　西澤 賢一郎
　　　　　　　　　　　　　　　　　　　　　　　印刷・製本　三晃印刷株式会社
　　　　　　　　　　　　　　　　　　　　　　　　　　　　　Printed in Japan